BARKAS B 1000

Der DDR-Schnelltransporter

Torsten Langbein

Motor buch Verlag

Impressum

Einbandgestaltung: Ralf Weinreich

Bildnachweis: Die zur Illustration dieses Buches verwendeten Aufnahmen stammen – wenn nicht anderes vermerkt ist – aus dem Archiv des Verfassers.

ISBN: 978-3-613-04446-3

1. Auflage 2022

Sie finden uns im Internet unter www.motorbuch-verlag.de

Lektorat: Ralf Weinreich
Innengestaltung: ERWE-WERBUNG, Ralf Weinreich
Druck und Bindung: DZS GRAFIK d.o.o.,1210 Ljubljana, Slovenia
Printed in Slovenia

Inhalt

B1000

Vorwort

Der Barkas B 1000 wurde fast 30 Jahre in seiner Grundkonzeption gebaut und stellte als Kleintransporter in allen Bereichen der Wirtschaft, des Gesundheitswesens, der Polizei, Feuerwehr und Landesverteidigung ein unverzichtbares Transportmittel dar. An ihm lässt sich exemplarisch die Entwicklung und Stagnation im Fahrzeugbau seit Ende der sechziger Jahre sowie die Auswirkung von politischen Entscheidungen, die über die Köpfe der Fahrzeugbauer hinweg getroffen wurden, darstellen. Wie bei allen anderen Fahrzeugherstellern gelang in den 1960er Jahren die Umstellung von bis dato lediglich modernisierten Vorkriegsvarianten auf völlig neue Fahrzeuggenerationen, die dann bis zum Ende der DDR nahezu unverändert vom Band liefen. Die vom Politbüro der SED beschlossene und verkündete Einheit von Wirtschafts- und Sozialpolitik erhöhte zwar den Lebensstandard der Bevölkerung, vernachlässigte aber dringend notwendige Investitionen in der Wirtschaft, insbesondere im Fahrzeugbau.

Dieses Buch gibt einen kleinen Einblick in die Geschichte des Schnelltransporters Barkas B 1000, der in seiner geringen Stückzahl nie den Bedarf decken konnte und als Hoffnungsträger mit Viertaktmotor gleichzeitig das Ende des Fahrzeugbaus in Frankenberg und Hainichen besiegelte. Mangels vorhandener Unterlagen und Aufzeichnungen wurden als Quelle vor allem persönliche Gespräche und Recherchen mit ehemaligen Mitarbeitern zugrunde gelegt. Der Autor erhebt keinen Anspruch auf Vollständigkeit und will lediglich jenen Teil der Geschichte des Fahrzeugs beleuchten, der bisher wenig publiziert wurde. Ein besonderer Dank gilt Rainer Jähne (1934–2020), Jürgen Rehm, Horst Klautke, Klaus Wehmut, Andreas Wittmis, Ingolf Dinse, Michael Landmann, Fritjof Hahn, Antje Hanselitsch und Oskar, dem kleinsten Barkasfahrer der Welt.

Torsten Langbein

Von FRAMO zu BARKAS

Auf der Grundlage des Schell-Planes zur Typenverminderung im Kraftfahrzeugbau erfolgte ab 1941 die Fertigung des Kleinlastwagens V 501 (Einheitstyp 650) mit einem wassergekühlten 500-cm³-DKW-Motor. Die Herstellung der FRAMO-Dreiräder musste bereits 1938 und der Typen HT 1200, V 500 Danzig und LTV 500 Berlin 1940 eingestellt werden. Aufgrund der schon lange schwelenden Differenzen mit der Auto-Union kam ab 1943 für den V 501/2 der einst für den Rennsport von DKW entwickelte, und in Hainichen gefertigte Zweizylinder-Zweitakt FRAMO U-Motor mit Doppelkolben und gemeinsamen Brennraum für jeweils zwei Zylinder zum Einsatz. Ab Ende 1943 musste die FRAMO GmbH Hainichen kriegsbedingt die Fahrzeugproduktion durch Übernahme der Fertigung von Nebelwerfern (Kal. 15), automatischen Bordwaffen sowie Seiten- und Höhenrichtmaschinen für PAK einstellen.

1945 wurde das Werk unter Treuhandverwaltung gestellt und infolge der Rüstungsproduktion und der Beschäftigung ausländischer Zwangsarbeiter bis März 1946 vollständig demontiert.

Nach der Demontage des Werkes begann mit 120 Werktätigen unter einfachsten Bedingungen, wie in vielen anderen Unternehmen, die Nachkriegsproduktion von Handwagen, Kinderrollern, Kartoffelpressen, Gespannwagen sowie die Reparatur von Kraftfahrzeugen. Diese Zeit war geprägt von Unsicherheit, Mangel sowie Improvisation und gleichzeitig auch der Hoffnung, endlich wieder Fahrzeuge bauen zu können.

Im April 1948 ging das Werk in Volkseigentum über und wurde der IFA Vereinigung Volkseigener Fahrzeugwerke angeschlossen.

Aus noch vorhandenen Ersatzteilen aus Außenlagern und Werkstätten begann im Oktober 1949 die Produktion des ersten Nachkriegstransporters vom Typ V 501/2 (bis 1943 Einheitstyp 650/2) mit einem Zweizylinder-Zweitakt FRAMO U-Motor (17 PS, 500 cm³). Noch im selben Jahr konnten 65 Fahrzeuge fertiggestellt werden. Um den Mangel an landwirtschaftlichen Geräten zu beseitigen, wurden auch Bodenfräsen und Motorhacken in das Produktionsprofil des Werkes aufgenommen.

Da die bisherige Konstruktion auf Zeichnungen und Zulieferteile der Vorkriegsproduktion zurückgegriffen hatte, mussten nunmehr aktuelle Unterlagen, auch für die Zulieferbetriebe neu erstellt werden. Da diese mit dieser Aufgabe hoffnungslos überfordert war, musste diese Arbeiten das Hainicher Werk auch

Framo V 500 Typ Danzig Kastenwagen aus dem Jahr 1939.

Framo V 901 mit Krankenwagenaufbau aus dem Karosseriewerk Halle (um 1952). (Foto: Archiv G. Bragulla)

noch stemmen. Zeichnungen, Musterteile, Materialkontingente und Werkzeuge für Teile der Serienproduktion aus den Zulieferbetrieben wurden teilweise komplett von den Fahrzeugherstellern zur Verfügung gestellt.

Noch 1949 starteten die Entwicklungsarbeiten an einem Nachfolgefahrzeug, das 1951 als V 901 mit einer Nutzmasse von 750 kg und dem gedrosselten Motor des IFA F 9 (24 PS, 900 cm³) in die Serienfertigung ging. Der in Gemischtbauweise gefertigte 0,75-t-Lkw nahm rasch eine Schlüsselstellung im Transportwesen ein. Der Druck zur Modernisierung der Fahrzeuge erhöhte sich immer mehr, um den gut anlaufenden Export nicht wegbrechen zu lassen. Technische Verbesserungen führten ab 1954 über die Zwischenlösung V 901 (Z) zum Transporter Typ V 901/2, der von 1955 bis Herbst 1961 als Kastenwagen, Pritschenwagen, Bus, Kombinationswagen, Sanitätskraftwagen, Feuerwehr- und Bestattungswagen gebaut wurde. Das Fahrerhaus wurde um 20 cm verbreitert und der Radstand auf 2800 mm verlängert. Damit konnte eine Forderung der Kraftfahrzeugtechnischen Anstalt (KTA) in Dresden umgesetzt werden, das Pedalwerk durch den zusätzlichen Platz so zu gestalten, dass keine gegenseitige Behinderung mehr eintrat.

Da das Karosseriewerk in Halle über eigene Gestalter und eine leistungsfähige Karosserieentwicklung verfügte, wurden hier die von Framo geforderten geschlossenen Aufbauten entwickelt und gebaut. Die Rohkarossen wurden von Halle per Bahn nach Hainichen zur Endmontage geliefert. Als Antriebsquelle diente der Eisenacher Motor AWE 310-0 (28 PS, 900 cm³). In der ursprünglichen Ausführung für den F9 erhielt der Motor in Eisenach 1954 durch die senkrechte Anordnung der Zündkerzen, die Einführung eines Auspuffvordämpfers und die

Präsentation von Fahrzeugen zur LHM 1957 unter dem neuen Logo Barkas Hainichen.

Der Kombiwagen kann Güter und Personen, oder wie hier auch nur große Kisten befördern und macht den Barkas damit unverzichtbar für Handel und Handwerk.

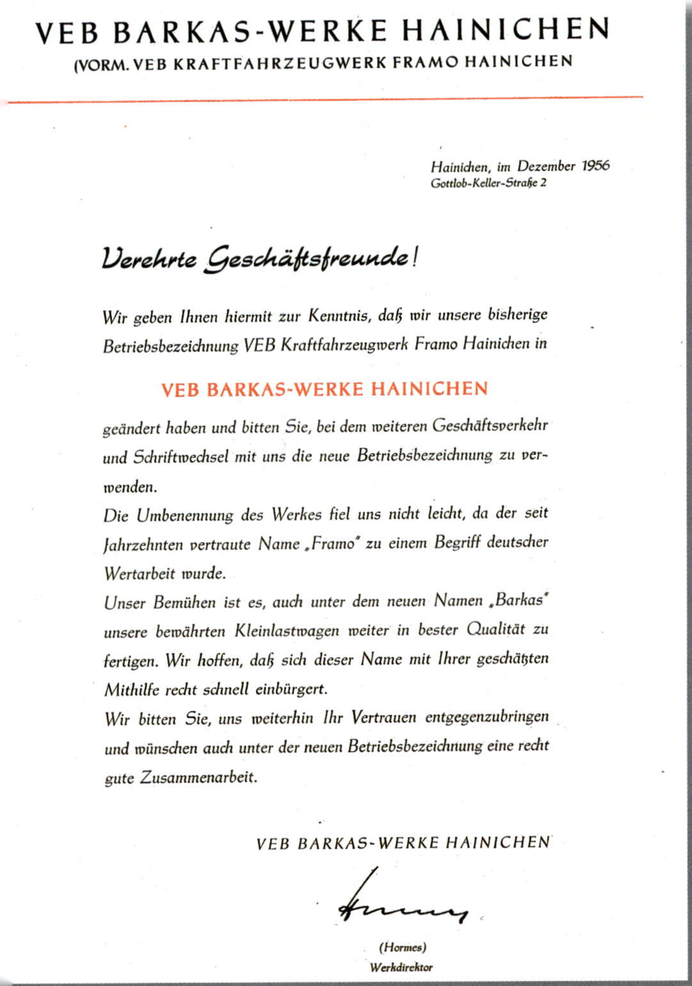

VEB BARKAS-WERKE HAINICHEN
(VORM. VEB KRAFTFAHRZEUGWERK FRAMO HAINICHEN

Hainichen, im Dezember 1956
Gottlob-Keller-Straße 2

Verehrte Geschäftsfreunde!

Wir geben Ihnen hiermit zur Kenntnis, daß wir unsere bisherige Betriebsbezeichnung VEB Kraftfahrzeugwerk Framo Hainichen in

VEB BARKAS-WERKE HAINICHEN

geändert haben und bitten Sie, bei dem weiteren Geschäftsverkehr und Schriftwechsel mit uns die neue Betriebsbezeichnung zu verwenden.

Die Umbenennung des Werkes fiel uns nicht leicht, da der seit Jahrzehnten vertraute Name „Framo" zu einem Begriff deutscher Wertarbeit wurde.

Unser Bemühen ist es, auch unter dem neuen Namen „Barkas" unsere bewährten Kleinlastwagen weiter in bester Qualität zu fertigen. Wir hoffen, daß sich dieser Name mit Ihrer geschätzten Mithilfe recht schnell einbürgert.

Wir bitten Sie, uns weiterhin Ihr Vertrauen entgegenzubringen und wünschen auch unter der neuen Betriebsbezeichnung eine recht gute Zusammenarbeit.

VEB BARKAS-WERKE HAINICHEN

(Hormes)
Werkdirektor

Schweren Herzens: Die Umbennenung von »Framo« in »Barkas« teilt Werksdirektor Franz Hormes seinen Kunden in einem Anschreiben persönlich mit.

Steigerung des Verdichtungsverhältnisses auf 6,8:1 eine Leistungssteigerung auf 32 PS. Im Jahre 1957 erfolgte die Umbenennung des VEB Kraftfahrzeugwerk FRAMO Hainichen in VEB BARKAS Werke Hainichen.

Infolge der kontinuierlichen Weiterentwicklung des V901/2 erfolgte ab 1957 im Zusammenhang mit dem Einsatz des neuen, aber nach wie vor auf 28 PS gedrosselten Eisenacher Motors AWE 310-5 eine Veränderung des Kraftstoffmischungsverhältnisses auf 1:33. Der neue Motor verfügte über einen geänderten Brennraum in Nierenform, eine Einlassvergrößerung und eine höhere Verdichtung. Insbesondere aufgrund der Forderung des belgischen Importeurs nach einer höheren Geschwindigkeit wurde zusätzlich für den Einsatz im Flachland eine geänderte Hinterachsübersetzung 1:5,5 (Normalausführung 1:6,17) angeboten und der Radstand für den V901/3 auf 3100 mm verlängert. Durch die nunmehrige Achsübersetzung erhöhte sich die Höchstgeschwindigkeit auf 85 km/h.

Eine dringend notwendige Änderung der Fahrzeuggestaltung oder einzelner Baugruppen scheiterte meistens an den zu geringen Kapazitäten des VEB Formenbaus Schwarzenberg, der die entsprechenden Press- und Ziehwerkzeuge für Großblechteile fertigte und zum Blechverformungswerk Bernsbach lieferte. Da der Export von Großpressen mit den entsprechenden Umformwerkzeugen, möglichst gegen harte Devisen, absolute Priorität hatte, musste der Bedarf der eigenen Automobilindustrie hintanstehen.

Allgemein wurde der V 901/2 auch im Ausland anerkennend als solide, robust, zuverlässig und anspruchslos bezeichnet – und das zu einem überschaubaren Preis. Der Export erfolgte immerhin in über 20 Länder. Die Jahresproduktion erreichte im Jahre 1960 mit 4.070 Stück ihren Höhepunkt.

Im Jahr1958 stand für das sächsische Werk wieder eine Veränderung an. Der VEB BARKAS-Werke Hainichen wurde mit dem VEB Motorenwerk Karl-Marx-Stadt und dem VEB Fahrzeugwerk Karl-Marx-Stadt zum VEB BARKAS-Werke Karl-Marx-Stadt vereinigt. Durch den Zusammenschluss der drei Betriebe wurden die Voraussetzungen für den Bau eines völlig neuen, in Frontlenkerbauweise ausgeführten Kleintransporters mit einer selbstragenden Ganzstahlkarosserie geschaffen – eine Konstruktion, die den internationalen Vergleich nicht scheuen brauchte.

Der Name des »Neuen« führt in das 3. Jahrhundert vor unserer Zeitrechnung zurück, als der karthagische Feldherr Hamilkar blitzschnelle und erfolgreiche Feldzüge durchführte, die ihm den Beinamen »Barkas« (der Blitz) einbrachten. Mit diesem Namen ließ sich auch der Export ins westliche Ausland unkompliziert abwickeln.

Der neue Betrieb beschäftigte zirka 4000 Mitarbeiter. Betriebsdirektor war von 1952 bis 1977 der allseits geschätzte und hochgeachtete Franz Hormes (1915–1990). Ihm und vielen anderen Mitstreitern ist es zu verdanken, dass die Fahrzeugproduktion am Standort Hainichen fortgeführt und der neue Kleintransporter B 1000 trotz aller Schwierigkeiten die Produktionsfreigabe erhielt und in die Serienproduktion überführt werden konnte.

Doch der Zusammenschluss der einzelnen Betriebe brachte nicht nur Vorteile, da neben dem Kleintransporter V 901/2, der Kübelwagen P 2M, diverse Sonderaufbauten (Nachrichten- und Kommandeurs-

Der Kleinomnibus des Karosseriewerks Halle am Dresdner Elbufer 1958.

Der Duft der großen weiten Welt: Ein V 901/2 Kastenwagen bringt eilige Fracht direkt aufs Flugfeld. Die AN 2 – noch in den Farben der Lufthansa – wartet schon.

VEB BARKAS-WERKE

Karl-Marx-Stadt, im März 1958
Kauffahrtei 31

Verehrte Geschäftsfreunde!

Wir geben Ihnen hiermit zur Kenntnis, daß mit Wirkung vom 1. Januar 1958 die Betriebe VEB Motorenwerk Karl-Marx-Stadt, Kauffahrtei 47,
VEB Fahrzeugwerk Karl-Marx-Stadt, Kauffahrtei 31 und
VEB Barkas-Werke Hainichen, Gottlob-Keller-Straße 2
zu einem Werk vereinigt wurden.

Das neue Werk hat die Bezeichnung

VEB BARKAS-WERKE

mit dem Sitz in **Karl-Marx-Stadt, Kauffahrtei 31, Postfach 278, Ruf 35844.**

Die Zusammenlegung der 3 Werke erfolgte auf Grund der 32. Vollsitzung der Volkskammer der Deutschen Demokratischen Republik.

Unser Bemühen ist es, die bekannten und bewährten Erzeugnisse der 3 Werke

Kleinlastwagen	Kofferaufbauten	Fahrzeug-Motoren
Achstriebe Robur	Kfz.-Reparaturen	Stationäre Motoren
Laufrollenkörper	Kfz.-Ersatzteile	Einspritzpumpen

weiter in bester Qualität zu fertigen.

Wir bitten Sie, bei dem weiteren Geschäftsverkehr und Schriftwechsel mit uns die neue Werksbezeichnung und -anschrift anzuwenden und unsere folgenden Nachrichten- und Bankverbindungen zu beachten:

bis 31. März 1958 bleiben die Ihnen bekannten bisherigen Bank- und Postscheck-Verbindungen der 3 Werke bestehen;

ab 1. April 1958 sind im Zahlungsverkehr folgende Konten verbindlich:
Bankkonto: Deutsche Notenbank Karl-Marx-Stadt, Konto-Nr. 1436
Kenn-Nr. 114000
Postscheckkonto: Leipzig 35400

Betriebsstätte I (ehem: VEB Motorenwerk Karl-Marx-Stadt)
Rufnummer: Karl-Marx-Stadt 58561

Betriebsstätte II (ehem. VEB Fahrzeugwerk Karl-Marx-Stadt)
Rufnummer: Karl-Marx-Stadt 35844

Betriebsstätte III (ehem. VEB Barkas-Werke Hainichen)
Rufnummer: Hainichen 841-843

Der besseren Abwicklung wegen bitten wir unsere Lieferanten, die Rechnungen entsprechend der von den einzelnen Betriebsstätten erteilten Bestellungen auseinanderzuhalten; so wie die Warenlieferungen selbst an die Empfangsstationen entsprechend unserer Auftragserteilung zu leiten sind.

Wir bitten, uns auch in Zukunft Ihr Vertrauen entgegenzubringen und wünschen weiterhin eine recht gute Zusammenarbeit.

VEB BARKAS-WERKE

(Hormes), Werkdirektor

DREI WERKE
DREI ZEICHEN
DREI NAMEN

JETZT EINE EINHEIT!

Zu Jahresbeginn 1958 schlossen sich drei bekannte Betriebe des volkseigenen Automobilbaues -
VEB Motorenwerk Karl-Marx-Stadt
VEB Fahrzeugwerk Karl-Marx-Stadt
VEB Barkas-Werke Hainichen -
zu einem Kombinat zusammen.

BARKAS-KLEINTRANSPORTER
Typ V 901/2
Rentabel und robust -
in verschiedenen Ausführungen
für viele Verwendungszwecke.
Das zuverlässige Transportmittel!

BARKAS STAT.- UND EINBAUMOTOREN
der Typen EL und ZW
Klein in den Ausmaßen, leicht im Gewicht -
ein zuverlässiger und wirtschaftlicher Helfer
für Industrie und Wirtschaft.
Seit Jahrzehnten bewährt!

BARKAS-EINSPRITZPUMPEN
Wichtigste Hilfsaggregate für Dieselmotoren aller Art.
Meisterwerke an Präzision -
Hohe Lebensdauer!

Alles im Fluss: Neben einem Direktionsschreiben wird die interessierte Öffentlichkeit auch noch durch eine Anzeige in einer Fachzeitschrift von neuerlichen Veränderungen in Kenntnis gesetzt.

Der Geländewagen P 2M wurde vorwiegend an die Organe der Landesverteidigung ausgeliefert. Erst sehr viel später hatte die eine oder andere Freiwillige Feuerwehr das Glück einen abgelegten »Grünen« zu bekommen. (Foto: Ralf Weinreich)

aufbauten für die NVA), Fahrzeugmotoren für den IFA F8, P70 sowie Trabant P50, Stationärmotoren von 2,5 bis 28 PS und Diesel-Einspritzpumpen gefertigt wurden.

Zusätzlich belastete den Betrieb die Herstellung der Bodenfräsen, die 1953 von Hainichen in den neuen Betriebsteil nach Frankenberg verlagert wurde, Laufrollen für den KS 07 des Schlepperwerkes Brandenburg, Achstriebe für Robur, Fußrasten für Motorräder, Soziussattel und Äxte als Konsumgüterproduktion. 1955 band außerdem die Anpassung des sowjetischen Mähdreschers Stalinez S 4 zusätzliche Kapazitäten, die im Transporterbau fehlten. Nach fünf Exemplaren wurden die Konstruktionsunterlagen an das Weimarwerk übergeben.

Ab 1951 wurde der in den dreißiger Jahren bei Horch entwickelte Geländewagen H 1 (Typ 901 der Auto Union bzw. mittlerer geländegängiger PKW Kfz 12) in einer geringen Stückzahl als Muster bei Framo gebaut und erprobt. Nach der Ablehnung wurde das Forschungs- und Entwicklungswerk (FEW) in Chemnitz mit der Entwicklung eines neuen Kübelwagens beauftragt. Wie zu Zeiten der Auto Union wurden die Konstruktionen im FEW (ehemalige zentrale Versuchsabteilung der Auto Union in der Kauffahrtei 45) entworfen und dann an die Finalproduzenten übertragen. Von 1956 bis 1958 wurde daraufhin der Geländewagen P 2M und P 2S im VEB Fahrzeugwerk Karl-Marx-Stadt in der Kauffahrtei 31 produziert. Im Gegensatz zum dem im PKW Sachsenring P 240 eingesetzten Motor OM 6-35 hatte der im P 2 verwendete eine geänderte Nockenwelle mit einer Höchstleistung von 3500 U/min und einem maximalen Drehmoment bei 1250 U/min. In dieser Halle wurden ab 1959 die Vorrichtungen und Schweißanlagen für den Karosseriebau des B 1000 installiert. Diese Anlagen wurden selbst entwickelt und im werkseigenen Rationalisierungsmittelbau gefertigt.

Der als Nachfolger entwickelte geländegängige PKW P3 wurde von 1962 bis 1963 in den ehemaligen Wanderer-Werken (Objekt 37-Kfz-Reparaturbetrieb der SDAG Wismut) in Siegmar und von 1963 bis 1966 im Industriewerk Ludwigsfelde hergestellt. All das führte dazu, dass der tatsächliche Bedarf an Kleintransportern nie auch nur ansatzweise befriedigt werden konnte.

Kraftfahrzeug-technik

VEB VERLAG TECHNIK · BERLIN

VT

11

7. Jahrgang

November 1957 · Seiten 405–444 · Postverlagsort für DDR Dresden, für DBR Berlin · Heftpreis 1,– DM

Die Entwicklung des L1

Bereits im Jahre 1950 begannen die Entwicklungsarbeiten für einen Nachfolgetyp des V 501/2, da ein Weltstandsvergleich die Grundkonzeption als völlig überholt auswies. Der Prototyp des L1-Kleinbusses (Lastwagen 1 t Nutzmasse) des FEW Chemnitz und Karosseriewerk Halle, welches auf dem Fahrgestell des V901 aufgebaut und zur Leipziger Herbstmesse 1952 vorgestellt wurde, konnte nicht überzeugen. Aus diesem Grund wurde das Projekt 1954 mit der Umwandlung des FEW in das ZEK (VEB Zentrale Entwicklung und Konstruktion für den Kraftfahrzeugbau) mit einem neuen Entwicklungsauftrag nach Hainichen vergeben. Das Thema musste völlig neu bearbeitet werden. Damit war der damalige Chefkonstrukteur Heinrich Schmieder (1929–2004) beauftragt. Im Lastenheft wurde ein formschöner, zweckmäßiger Wagenkörper mit 1 t Nutzmasse und 1 t Eigenmasse sowie einer Geschwindigkeit von 100 km/h gefordert. Ein Kleintransporter mit dem Fahrkomfort eines PKW sollte entstehen.

Ausgehend von den vorläufig festgelegten Hauptmaßen wurden ab 1955 die Entwicklungsarbeiten am L1 in Zusammenarbeit dem ZEK (entstanden aus dem FEW und ab 1963 zusammen mit dem Kraftfahrzeug-Entwicklungswerk in Hohenstein-Ernstthal zum VEB Wissenschaftlich-Technisches Zentrum Automobilbau vereinigt) Karl-Marx-Stadt, dem Zentralinstitut für Schweißtechnik Halle (ZIS), dem Karosseriewerk Halle und dem Formenbau Schwarzenberg vorangetrieben. Aus der Vielzahl der Entwürfe wurden drei ausgewählt und je ein Modell im Maßstab 1:10 gefertigt. Unter Berücksichtigung der Herstellung der Großpressteile wurde zusammen mit Spezialisten des Formenbaus Schwarzenberg ein endgültiger Entwurf erarbeitet, der bereits die Großwerkzeuggestaltung berücksichtigte. Nach dem ersten Holzkopiermodell im Maßstab 1:1 durch den Modellbau Adelsberg wurde Ende 1956 als erstes Funktionsmuster des L1 ein Kastenwagen aufgebaut. Später folgten zwei Varianten als Kleinbus mit unterschiedlichen Stoßstangen und Lackierungen. Seit Mitte 1959 wurde für den L1 dann die neue Bezeichnung Barkas B 1000 verwendet. Nach wie vor halten sich auch Gerüchte über eine ins westliche Ausland gelangte Kopie des Zeichnungssatzes. Insgesamt wurden mit den acht Funktionsmustern über eine Million Fahrkilometer zurückgelegt.

Die ursprünglich geplante Verwendung eines Vierzylinder-Viertaktmotors, abgeleitet aus dem Sachsenring OM 6-35 oder die Entwicklung eines

Eines der ersten Funktionsmuster 1957. Die geteilte Stoßstange war durch das galvanische Bad notwendig.

Vierzylinder-Zweitaktmotors aus zwei P 50-Motoren wurde frühzeitig verworfen. Die Umsetzung eines eigenentwickelten Motors in Form eines Vierzylinder-Zweitakt-V-Motors (1200 cm^3), mit dem die ersten Funktionsmuster ausgestattet waren, konnte mangels Fertigungskapazitäten nicht umgesetzt werden, so dass zwangsläufig der viel zu schwache

Ein weiteres Muster 1958 mit durchgängiger Stoßstange und aufwendigem Logo.

Motor des Wartburg verwendet werden musste. Um mit dem relativ schwachen Motor günstige spezifische Fahrleistungsparameter zu erzielen, wurden die typischen Vorteile des Zweitaktmotors durch eine Abstimmung von Ansaug- und Abgasanlage sowie der Getriebeabstufung optimiert, um eine flache Drehmomentkurve zu erzielen. Auch das Wartburggetriebe erwies sich insbesondere im beladenen Zustand als nicht standfest. Deshalb wurde in Zusammenarbeit mit dem Getriebewerk »Juliot Curie« in Leipzig das neue, vollsynchronisierte Einheitsgetriebe EGS 16 entwickelt.

Eine neue Transportergeneration entsteht

Die Neukonzeption des L1 wurde am 14.06.1961 als Typ B 1000 in Form eines Kastenwagens mit der Fahrgestellnummer 40009 in die Serienproduktion überführt. Danach wurden 40 Nullserienfahrzeuge von diesem neuen Schnelltransporter gebaut.

Die Fertigung erfolgte nun in den Betriebsteilen Frankenberg, Karl-Marx-Stadt und Hainichen. Damit war es gelungen, eine völlig neue Fahrzeuggeneration in die Serienfertigung zu überführen, die außer der Antriebsquelle keine Gemeinsamkeiten mehr mit dem Vorgänger hatte. Die Konstruktion war im Jahre 1961 richtungsweisend und entsprach dem Weltmaßstab. Niemand konnte zu diesem Zeitpunkt ahnen, dass der B 1000 in den kommenden Jahrzehnten unverändert das Straßenbild prägen sollte.

Bis Ende des Jahres wurden noch 277 Fahrzeuge mit dem alten Motor produziert. Der neue Motor AWE 312-016 (42 PS, 1000 cm^3) kam erst ab Januar des Jahres 1962 parallel zum Wartburg zum Einsatz. Die Hubraumvergrößerung ergab sich durch eine Bohrungsänderung von 70 auf 73,5 mm bei Beibehaltung des Hubs von 78 mm, der Verdichtung von 7,3:1 und den Abmessungen des Motors. Außerdem wurden die Ein- und Auslasskanäle sowie die Überströmkanäle verbreitert und strömungsgünstiger gestaltet. Am Zylinderkopf kam produktionsbedingt ein scheibenförmiger Brennraum mit konzentrischer Quetschkante zum Einsatz. Zusätzlich wurde die Legierung der Kolben geändert und die Kolbenbolzen verstärkt. Noch vor dem Serienanlauf des B 1000 drohte ein Beschluss des zuständigen Ministeriums den Anlauf der Fertigung zu verhindern, da die wenigen Fahrzeuge auch importiert werden könnten. In der gesamten Fertigungszeit kam es insgesamt viermal zu ähnlichen Bestrebungen.

In den folgenden Jahren wurden die Ausführungen für Inland und Export erweitert und laufend technische Verbesserungen zur Gebrauchswertsteigerung vorgenommen. 1964 erfolgte im Zusammenhang mit dem Einbau des weiterentwickelten Getriebes EGS 4-16 / B 1000 die Verlegung des Schalthebels neben den Fahrersitz, der Einsatz von neuen Wärmetauschern und einer neuen optionalen Lichtmaschine mit einer Leistung von 500 Watt. Der Kombinationswagen (später KM) wurde in die Fertigung übernommen.

1965 wurde der VEB Fahrzeughydraulik Frankenberg (ehemals Walter Hunger KG) Barkas angegliedert und dadurch die Möglichkeit der Übernahme

Die Nullserienfahrzeuge besaßen noch verchromte Stoßstangen, Radzierblenden mit Logo und ein farbiges Barkaszeichen.

der Herstellung des Rahmens und des Hilfsrahmens für Fahrerhaus-Rahmenausführungen geschaffen. Dadurch konnte das Barkas-Produktionsprogramm erweitert werden. Gleichzeitig wurde die Fertigung

Bis 1958 lieferte die Fa. Walter Hunger Hydraulikzylinder für Kippaufbautem etc. Aus gleichem Hause kamen auch schwere Tieflader. Aufgrund wirtschaftlicher Sanktionen der DDR-Führung entschloss sich Walter Hunger, nach einer spektakulären Flucht, zu einem Neuanfang in der Bundesrepublik. (Smlg: R. Weinreich)

der kompletten Bodengruppe für geschlossene Ausführung nach Frankenberg verlagert. Die Produktion von Schwerlast-, Tieflade- und Plattformanhängern sowie Kippaufbauten wurde eingestellt und die Fertigung von Hydraulikzylindern nach Zittau verlagert. Gleichzeitig erfolgte die Verlegung des Kühlereinfüllstutzens auf die Bugwulst. Damit wurde das Auslaufen des Kühlwassers bei Bergabfahrten verhindert. 1966 wurde der Kofferaufbau in die Serienfertigung übernommen.

Erst durch die Übernahme der Fahrzeughydraulik Frankenberg konnten die Voraussetzungen für die Produktion der Rahmen und somit der Umsetzung der Pritschen- und Kofferaufbauten geschaffen werden

1967 wurden Teile der Fahrzeugentwicklung und Technologie in neue Produktionsgebäude nach Frankenberg verlegt. Gleichzeitig wurden eine geräuschgeminderte Abgasanlage und die elektrische Scheibenwaschanlage eingeführt.

Die Jahre bis 1968 waren geprägt von einer Vielzahl technischer Verbesserungen zur Steigerung des Gebrauchswertes. Dies allein war aber nicht mehr ausreichend, um im Weltmaßstab technisch und ökonomisch mitbestimmend zu sein.

Der neu entwickelte Schnelltransporter war der Kraftfahrzeugtechnik (KFT) einen sachlichen aber informativen Titel wert. In den folgenden Jahren sollte der B 1000 noch öfter die Titelseite dieser Fachzeitschrift zieren.

DDR-Moderne: Dieser Prospekt (hier auszugsweise) aus dem Jahr 1964 präsentierte den B 1000 ganz im Stil der Zeit.

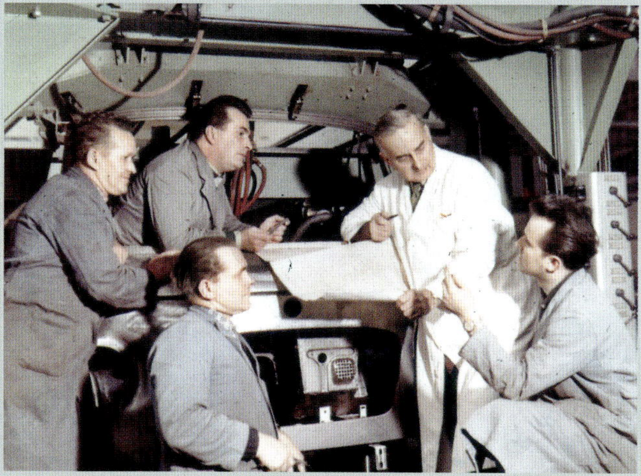

Einige Einblicke in den Beginn der B 1000-Produktion im Januar 1962 in Karl-Marx-Stadt. Die selbsttragende Ganzstahlkarosserie wurde in einem modernen Fließbandsystem durch Widerstandspunktschweißung zusammengefügt und grundiert nach Hainichen geliefert.

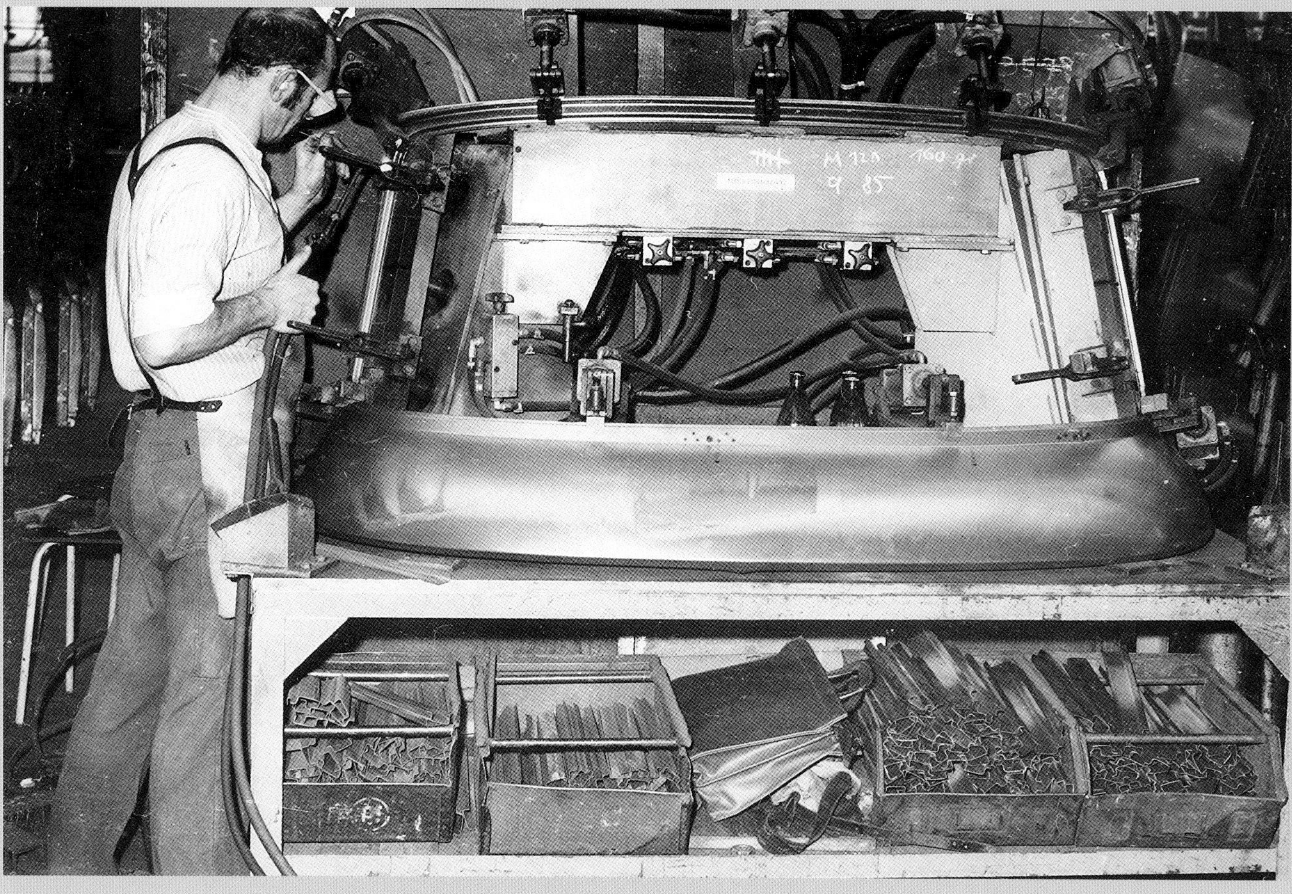

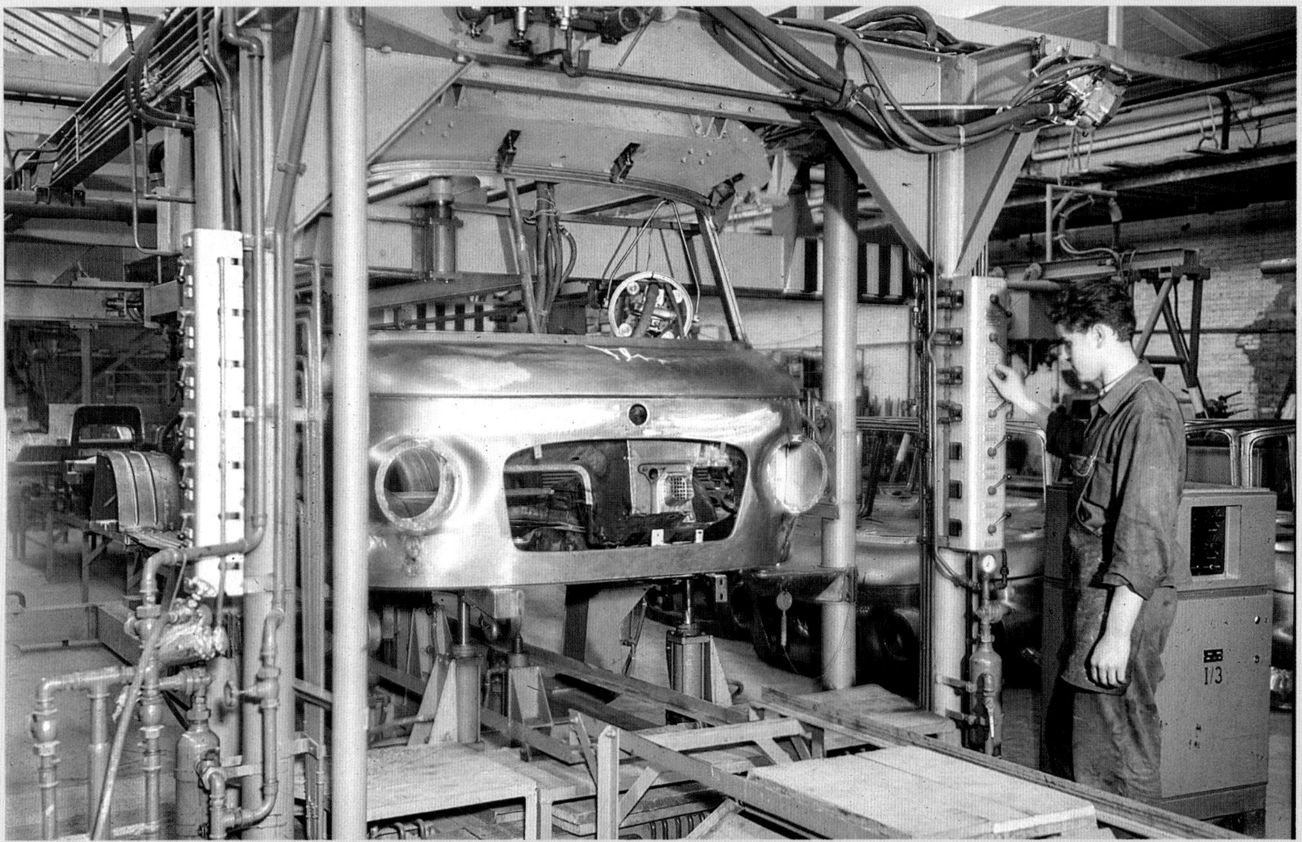

1/3

Während im Werk Frankenberg die Rahmenfertigung und das Pressen der Kleinteile erfolgte, wurden im Werk Karl-Marx-Stadt die Rohkarossen aus angelieferten Großblechteilen auf eigengefertigten Großvorrichtungen in einer Schweißtaktstraße zusammengefügt. Der selbstragende Wagenkörper für den B 1000 in Ganzstahlausführung erforderte völlig neue Technologien und Fertigungseinrichtungen. Diese wurden im eigenen Rationalisierungsmittelbau unter Berücksichtigung vieler Neuerungen entwickelt und gefertigt. Dies betraf vor allem umfangreiche Ver- und Entsorgungsleitungen, Schweißeinrichtungen, Spannelemente, Schweißzangen und Punktschweißelektroden. Neben der hauptsächlichen Widerstandspunktschweißung kamen nur noch vereinzelt Autogen- und manuelles Elektroschweißen zum Einsatz. Nur die Kleinblechteile fertigte die eigene Stanzerei im BT Frankenberg in angemieteten Hallen des ehemaligen Stahlwerks. Anschließend wurden die grundierten Rohkarossen mit W 50-Spezialaufliegern (5 Karossen pro Fahrzeug) auf der Straße nach Hainichen transportiert. Dieser Doppelstockanhänger wurde 1961 in der eigenen Betriebsmittelkonstruktion entwickelt und im Objekt 37 der SDAG Wismut in Siegmar für Barkas gefertigt. In Hainichen erfolgte die Endlackierung, Endmontage und Auslieferung an die Kunden. Außerdem erfolgte im Werk Hainichen die Fertigung von Längslenker, Lenkungsteilen, Fußhebelwerk, Radlagern, Brems- und Kraftstoffleitungen sowie Fahrer- und Beifahrersitzen.

Die Transportbedürfnisse von Handel, Handwerk, Industrie, Gesundheitswesen und staatlichen Organen ließen die Produktionsstückzahlen rasch ansteigen und führten zu einer Vielzahl von Varianten. In dieser Zeit wurde der Betrieb durch die

kontinuierliche Planerfüllung, die hervorragende Wertschätzung und Bewährung der Erzeugnisse immer mehr zum Vorzeigeobjekt. Selbst der Deutsche Fernsehfunk der DDR widmete am 17.07.1967 eine Sendung aus dem ausverkauften Opernhaus dem Jubiläum »40 Jahre Transporterbau«.

Am 06. Dezember 1969 wurde der VEB Barkas Werke Karl-Marx-Stadt durch Anschluss von 11 Betrieben (u.a. Renak Werke Reichenbach, Fahrzeugzubehörwerk Ronneburg, Blechverformungswerke Leipzig und Bernsbach, BVF, Gelenkwellenwerk Stadtilm, Möve-Werk Mühlhausen, Kraftfahrzeugzubehörwerke Meißen und Dresden) Stammbetrieb des IFA Kombinates für Kraftfahrzeugteile mit über 20.300 Beschäftigten, darunter 4.000 im Stammbetrieb.

Beim B 1000 kommen eine veränderte Instrumententafel, Türen in Schalenbauweise und neue Türgriffe zum Einsatz. In diesem Jahr betrug die

Erste Werbeaufnahmen vor der Gaststätte »Goldener Hahn« in Karl-Marx-Stadt im Jahre 1961.

Schwer zu sagen: Wem gilt er denn nun, der interessierte Blick des jungen Mannes? Der eleganten Dame die da so graziös dem Barkas entsteigt, oder doch eher dem neuen Kleintransporter?

Auf der Leipziger Frühjahrsmesse 1962 fand der Transporter mit 1 t Nutzmasse, 6,4 m^3 Ladevolumen, 100 km/h Höchstgeschwindigkeit, guten Sicht- und Platzverhältnissen großen Anklang.

Nachts auf den Straßen: Ein Messemuster vor der Mädlerpassage in Leipzig 1963.

B1000

Mit…

… und ohne Fotograf.

Kein Aufwand zu groß: In den DEFA-Studios in Babelsberg entstehen 1964 aufwändig inszeniere Werbeaufnahmen für eine ganze Prospektserie.

1967 entsteht dieses Einzelstück u.a. mit Ledersesseln für das ZK der SED. In diesem Jahr wird mit einer Ausstellung vor dem Chemnitzer Hof feierlich das Jubiläum 40 Jahre Transporterbau begangen.

Produktion 5501 Stück und erreichte den Höhepunkt 1975 mit 8176 Fahrzeugen pro Jahr. Der limitierende Faktor bestand in den importierten Tiefziehblechen, den Kapazitäten im Blechverformungswerk Bernsbach und der teilweise handwerklichen Fertigung an verschiedenen Standorten.

Aufgrund des nicht mehr zeitgemäßen Zweitakt-Ottomotors sank der Export in das Nichtsozialistische Wirtschaftsgebiet (NSW). Und einmal mehr gingen die so dringend benötigten Devisen verloren.

1968 begannen endlich die Arbeiten für den Einbau eines Viertakt-Ottomotors, der allerdings aus dem Sozialistischen Wirtschaftsgebiet (SW) kommen musste. Diese Entwicklung eines möglichen Nachfolgefahrzeuges, wahlweise mit dem vorhandenen Zweitaktmotor, bzw. Otto- oder Dieselmotor, und Scheibenbremsen – dem B 1100. Doch nach dem Bau von nur drei Prototypen wurde die Entwicklung auf Weisung staatlicher Stellen 1972 abgebrochen. Wie schon so oft in der sozialistischen Planwirtschaft gab es Wichtigeres zu erledigen.

Als Ersatz für den Kombiwagen wird 1970 der Kastenmehrzweckwagen (KM) eingeführt. Durch Wegfall der hinteren Fenster kann der Laderaum besser in seiner vollen Höhe genutzt werden.

In der Serienproduktion wurde ständig an der Gebrauchswertsteigerung des B 1000 gearbeitet und vor allem Neuerervorschläge zur Materialeinsparung umgesetzt. Die Grundkonzeption des Fahrzeuges blieb jedoch über die gesamte Produktionszeit unverändert.

Der Rahmen besteht aus einem Mittellängsträger aus geschlossenem Kastenprofil, der im vorderen Bereich zur Aufnahme des Triebsatzes als Gabel ausgebildet ist. Angeschweißte Querträger dienen zur Verbindung mit dem Karosserieboden der geschlossenen Ausführungen. Der Aufbau ist eine Ganzstahl-Schweißkonstruktion in selbsttragender Schalenbauweise, die zusammen mit dem Rahmen eine tragende Einheit bildet. Längssicken im verschweißten Boden erhöhen die Stabilität.

Bei der Fahrerhaus-Rahmenausführung dient ein zusätzlich auf dem hinteren Rahmenteil aufgeschweißter Hilfsrahmen zur Versteifung des Mittelrohrrahmens und zur Aufnahme der Aufbauten (Pritsche oder Leichtbaukoffer).

Die Lenkung, die Radaufhängung, die hydraulische Zweikreistrommelbremsanlage mit lastabhängigem Druckbegrenzer, das Wechselgetriebe EGS 16, die elektrische Anlage, die Heizungs- und Lüftungseinrichtung sowie die Ausstattung und Farbgebung blieben über Jahrzehnte fast identisch. Die Farbauswahl der Serienfahrzeuge hielt sich stets in bescheidenen Grenzen, da ab den 1970er Jahren nur auf die sparsame Palette des Automobilwerkes Zwickau zurückgegriffen werden konnte. Wenn man mal einen auffälliger lackierten B 1000 zu sehen bekam, konnte man davon ausgehen, dass es einem Privatmann, auf verschlungenen Wegen, gelungen war, einen der begehrten Transporter zu bekommen, diesen neu aufzubauen und entsprechend farblich zu gestalten.

Die beim Wartburg bereits 1969 erfolgte Leistungssteigerung durch den neuen Vergaser

Hauptabnehmer war von Anfang an das DRK. Die Fahrzeuge wurden regelmäßig ersetzt.

Ein Blick in das Auslieferungslager Hainichen 1969 bestätigt den Spruch: »Sie können den B 1000 in jeder Farbe bekommen – vorausgesetzt sie ist grau …«

Ansicht des ehemaligen Barkas-Fahrzeug- und Motorenwerkes in der Kauffahrtei. Im Vordergrund das ehemalige Verwaltungsgebäude der Auto Union und dahinter der im Jahre 1974 errichtete Neubau der Kombinatsleitung.

B 1000 Motor in der Ausführung mit außenliegender Wasserpumpe und 42 PS.

Verlässlicher Motor, überschaubare Technik in der Ausführung ab 1973 mit 46 PS.

ausgewogen

Die gut gestaltete Karosserie des B 1000 ist seine Visitenkarte! Modern und der im Flugzeugbau bewährten Schalenbauweise eng verwandt, hat sie hohe Stabilität.
Nach dem Prinzip des Hohlzylinders sind alle ihre Teile einschließlich der Außenhaut zusammen mit dem Bodenrahmen und dem Aufbaugerippe als tragende Elemente herangezogen.
Das damit erreichte günstige Verhältnis zwischen Eigengewicht und Nutzmasse macht den B 1000 für alle Anwendungsgebiete so wirtschaftlich.

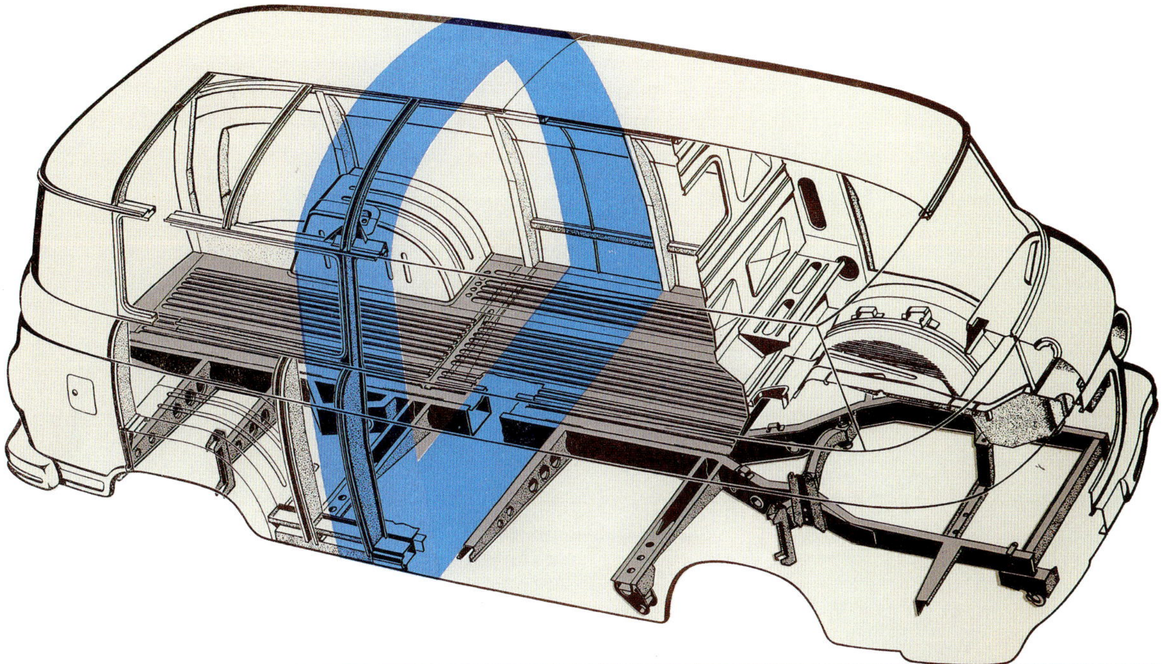

variabel

Die B 1000 FR-Ausführung ist eine ideale Basis für Sonderaufbauten. Sie ermöglicht individuelle Anpassung für spezifischen Einsatz in allen wirtschaftlichen Zweigen. Die feste Verbindung vom Fahrerhaus-Rahmen mit der Rahmenversteifung ergab eine Grundausführung, die die gleiche hervorragende Fahrbahnhaftung der anderen B 1000-Transporter aufweist.

Der Rollenprüfstand der Endmontage im BT Hainichen. Dadurch entfielen seit 1975 das Einfahren und die Bremsprüfung auf der Straße. ⇧⇨

BVF 40 F 1-11, Einheitszylinderblock in verstärkter Ausführung, neuer Ansaugkrümmer, verbleiter erster Kolben, Kolben mit kürzerem Kolbenhemd, Riemenscheibe mit aufvulkanisierter Ausgleichsmasse und Anbaudreihebelunterbrecher mit verändertem Gehäuse wurde beim B 1000 erst 1972 serienwirksam. Die Motorleistung stieg dadurch von 42 auf 45 PS. Die geringere Leistung im Vergleich zum 50 PS-Wartburgmotor resultiert aus den halben Hubscheiben und der Abgasanlage. Aufgrund mangelnder Kapazitäten bei AWE und der für einen Transporter notwendigen Zugkräfte im unteren Drehzahlbereich wurden die vollen Hubscheiben beim B 1000 nie ab Werk eingebaut. Dadurch erreicht der Motor eine geringere Drehzahl, aber ein höheres Drehmoment im Bereich bis 2250 U/min.

Im darauffolgenden Jahr stieg die Motorleistung durch Verwendung des originalen AWE-Zylinderkopfes des Motors AWE 353-1 (die außenliegende Wasserpumpe entfiel) und einer größeren Haupt- (125 statt 120) und Zusatzdüse (75 anstatt 65) beim Vergaser BVF 40 F 1-12 auf 46 PS. Gleichzeitig erfolgte die Änderung des Kühlsystems mit Ausgleichsgefäß im Beifahrerraum. Am 23. April 1973 lief feierlich das 50.000. Exemplar des B 1000 vom Band.

Anstelle des Nassluftfiltereinsatzes kam ab 1974 dann endlich der beim Wartburg übliche Trockenluftfilter zum Einsatz. Dadurch war die Änderung des Mischungsverhältnisses von 1:33 auf 1:50 möglich. Fahrversuche hatten ergeben, dass keine signifikanten Unterschiede in der Klingelneigung, dem Schmierfilm, der Verschleißwerte hinsichtlich Zylinderverschleiß, der Kolbenlaufbilder und der Belagbildung an den Kolbenböden und im Verbrennungsraum zu verzeichnen waren. Die Ölkohleablagerungen bauen sich dadurch langsamer auf, die Schichtdicke ist danach jedoch identisch. Die

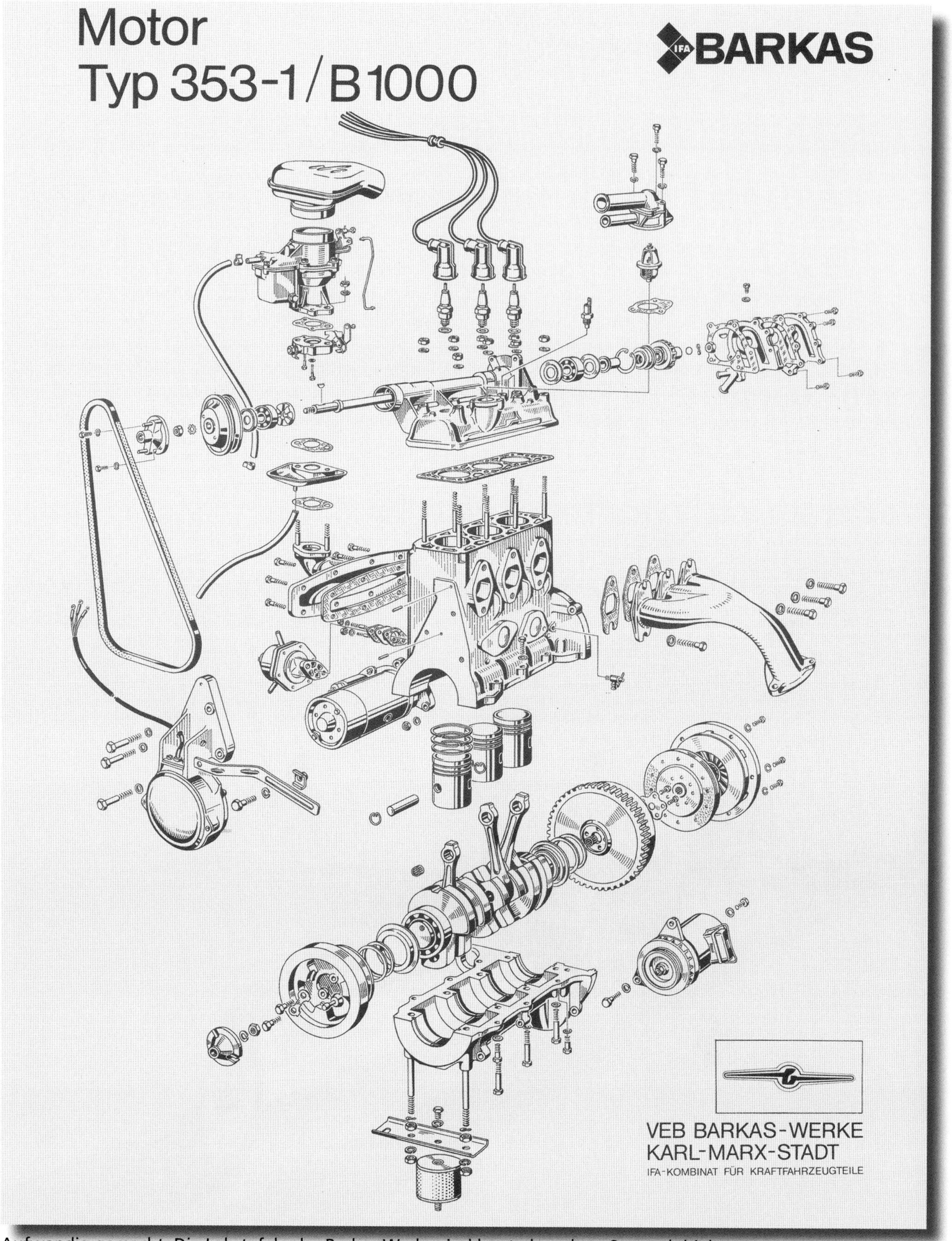

Aufwendig gemacht: Die Lehrtafeln der Barkas-Werke sind heute begehrte Sammelobjekte

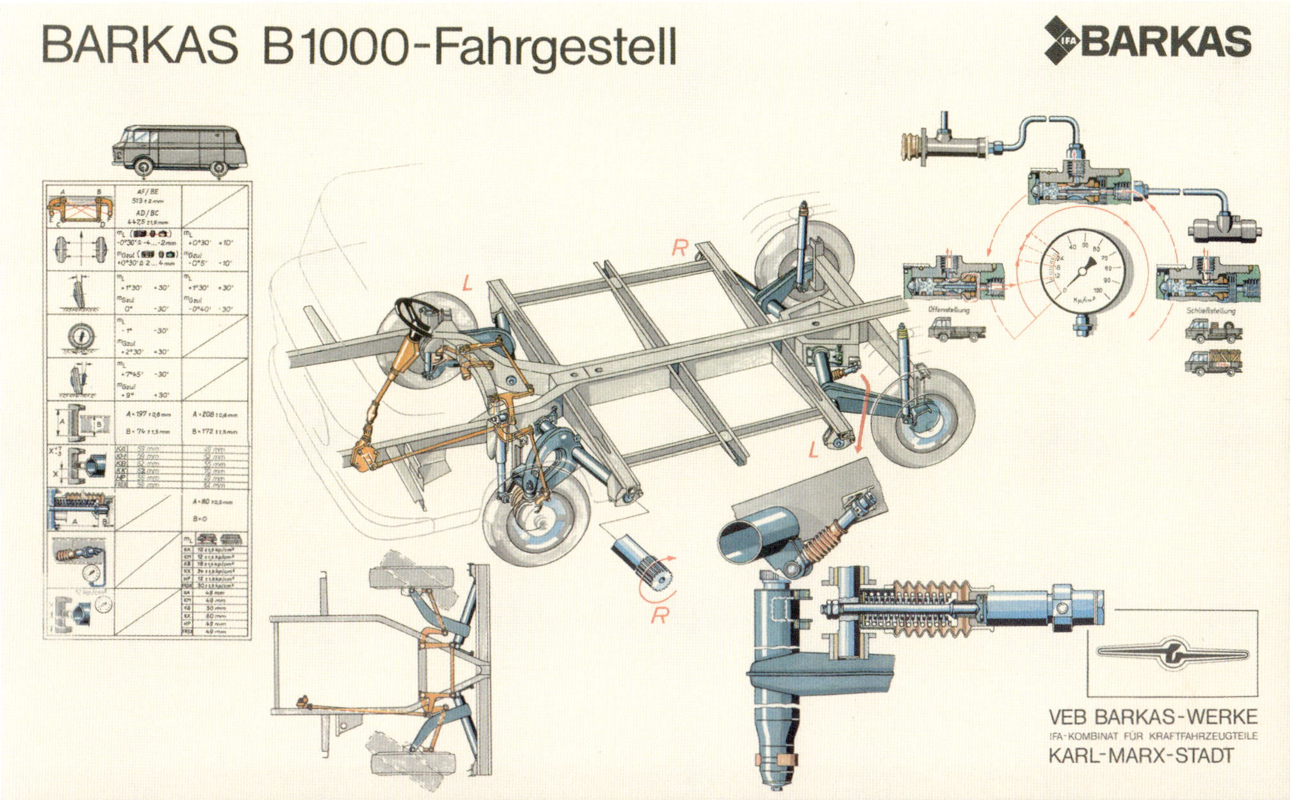
BARKAS B1000-Fahrgestell
BARKAS
R
L
R
L
R
VEB BARKAS-WERKE
IFA-KOMBINAT FÜR KRAFTFAHRZEUGTEILE
KARL-MARX-STADT

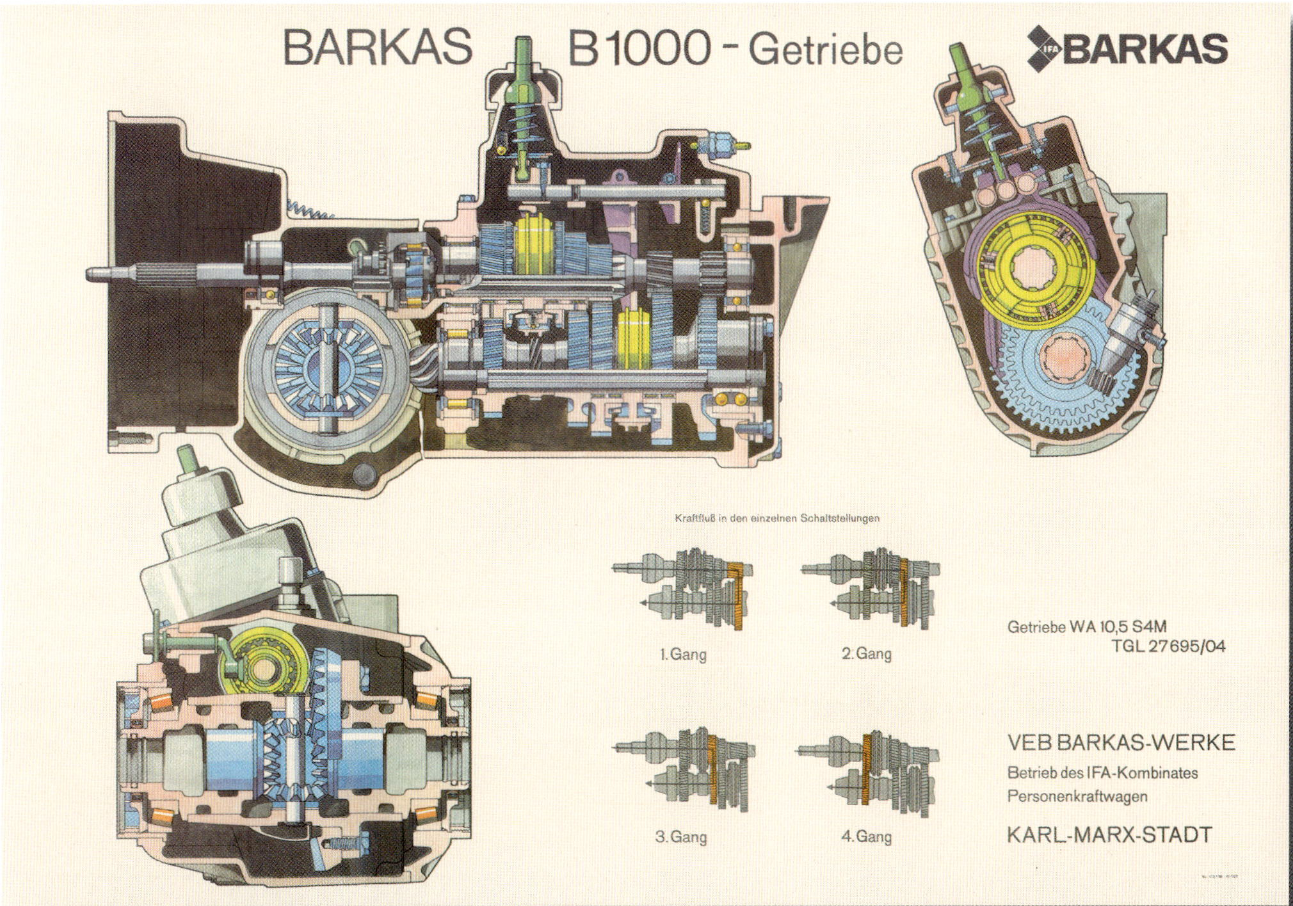
BARKAS B1000 - Getriebe
BARKAS
Kraftfluß in den einzelnen Schaltstellungen
1.Gang
2.Gang
3.Gang
4.Gang
Getriebe WA 10,5 S4M
TGL 27695/04
VEB BARKAS-WERKE
Betrieb des IFA-Kombinates
Personenkraftwagen
KARL-MARX-STADT

Kurzfristig musste zur LHM 1975 die zusätzliche Ausstellungsfläche der großen Halle 11 durch Absage vieler ausländischer Aussteller mit Fahrzeugen bestückt werden.

Die zusätzlichen Fahrzeuge und deren Gestaltung stellten die Werbeabteilung vor einige Herausforderungen.

sich bildende maximale Belagdicke ist nur von dem verwendeten Motorenöl abhängig. Die Laufzeit bzw. Laufstrecke ist abhängig vom Ölanteil im Kraftstoff. Nach zirka 30.000 km Laufstrecke bleibt die Belagdicke annähernd konstant, während sich Rückstandspartikel lösen und wieder anlagern. Mit der Belagbildung steigt der Oktanzahlbedarf und die Klingelneigung wächst.

Farbkarte aus dem Jahre 1982 im Vergleich zum Jahre 1962. Damals wurde noch Wert auf die Abstimmung von Polsterung und Fahrzeugfarbe gelegt. Die Farbpalette und Vielfalt entsprach der des Trabant.

EINE NEUE TRANSPORTERGENERATION

1977 erfolgte die Umstellung der hydraulischen Kupplungsbetätigung auf Seilzugbetätigung. Der Schriftzug auf der Beifahrerseite wird durch das pfeilähnliche IFA-Zeichen ergänzt und die einheitliche Erzeugniskennzeichnung umgesetzt.

Aufgrund der notwendigen Umsetzungen der ECE-Regelungen wurden mit dem »Modell 78« Statik-Sicherheitsgurte eingeführt, zwangsläufig die Handbremse neben den Fahrersitz auf die Motorhaube verlegt und die Fahrgastraumbelüftung eingeführt. Zur CO-Einsparung wurde der neue Umluftvergaser BVF 40 F 1-16 eingeführt.

1979 erfolgte die Einführung der neuen Gelenkwellen mit außenliegenden Kreuzgelenken und der Einsatz des Kugelumlauflenkgetriebes K 230 zur Verbesserung der Fahreigenschaften.

Nachdem das Unternehmen 1980 dem IFA Pkw-Kombinat angegliedert wurde, wurde Barkas 1984 dessen Stammbetrieb.

Ab Januar 1981 erfolgte die Umstellung aller Inlandsfahrzeuge auf Automatik-Sicherheitsgurte.

Erst gurten...: Aufnahmen des Fotografen Hempel aus Karl-Marx-Stadt mit dem »Modell 78«.

Grußkarten der Barkaswerke bzw. ab 1969 des Stammbetriebes des Kombinates im Wandel der Zeit.

Außerdem erfolgte für die Ausführung KK eine Verbesserung der Fahrwerksfederung durch Änderung der Drehstäbe, der Stoßdämpfer und des Reifendruckes.

Im Januar 1983 begann im VEB Karosseriebau Parkentin in Zusammenarbeit mit dem VEB MLW Labortechnik Ilmenau die Herstellung der Krankenwagensonderausführung SMH 3. Barkas fertigte dafür eine Teilkarosserie, die in Parkentin komplettiert wurde. Ausschließlich für die NVA wurden Kleinbusse mit 11 Sitzplätzen in das Programm aufgenommen. Im gleichen Jahr setzte die Serienfertigung des »Modell 83« ein. Wesentliche Änderungen beinhalteten die Nebelscheinwerfer für alle Fahrzeuge, H4-Scheinwerfer, geänderte Stoßstangen mit Rammschutzprofil, neue Türgriffe und die Kraftstoffmomentanverbrauchsanzeige.

Am 1. April 1984 wurde mit dem »Modell 84« die neue Instrumententafel, neue Außenspiegel, ein Unterfahrschutz für Pritschenfahrzeuge und die beheizte Heckscheibe serienwirksam. Für den Export und ab 1985 für die Serienfertigung kam die Kupplung TF200 - 110 mit Zentralführung zum Einsatz.

Am 8. April 1987 wurde feierlich der 150.000. Barkas B 1000 übergeben. In diesem Zusammen-

In Karl-Marx-Stadt entstanden im Jahre 1982 Werbefotos für die Einführung des »Modell 83«.

BARKAS
B1000
BARKAS
B1000
BARKAS

hang erfolgte im Juni die Einführung der Schiebetür, die insbesondere für den Export nach Belgien entwickelt wurde. Das Sortiment wurde für die Feuerwehr um die Variante B 1000-Vorausfahrzeug erweitert. Gleichzeitig erhielten alle Fahrzeuge den umlaufenden weißen Streifen mit der Aufschrift »Feuerwehr«. Teile der Karosseriefertigung und Lackierung wurden nach Frankenberg verlagert, um in Karl-Marx-Stadt Kapazitäten für die Fertigung des neuen Viertaktmotors in den verschiedenen Ausführungen zu schaffen.

Mit der 1984 beschlossenen Realisierung des Lizenzvorhabens der Volkswagen AG stand der Einsatz eines Viertakt-Ottomotors auch für den B 1000 auf der Tagesordnung. Deshalb wurde ab September 1990 der in den Barkaswerken Karl-Marx-Stadt produzierte 4-Zylinder-Viertakt-Ottomotor Typ EA 111 der Volkswagen AG als BM 880 in den Transporter B 1000 eingebaut, der die Bezeichnung B 1000-1 erhielt.

Die VEB Barkas-Werke gehören seit 1980 dem IFA-Kombinat Personenkraftwagen an und sind seit 1984 dessen Stammbetrieb. In diesem Zusammenhang wurde auch das WTZ-Automobilbau aufgelöst und die meisten der 800 Mitarbeiter in die Aufgaben des neuen Stammbetriebes eingebunden. Neben dem Kleintransporter Barkas B 1000 als Haupterzeugnislinie wurden noch Einspritzpumpen für Dieselmotoren, stationäre Zweitaktmotoren, der Trabantmotor und Sondermaschinen sowie Rationalisierungsmittel für den Kombinatsbedarf bei Barkas gefertigt. 7281 Mitarbeiter erzielten 1989 mit 20 Produktions- und Handelsbetrieben eine Warenproduktion in 1,2 Milliarden Mark. Die Produktion des Barkas B 1000 mit den Standorten in Frankenberg, Karl-Marx-Stadt und Hainichen wird auch als »längstes Fließband der Welt« bezeichnet. Mögliche Kooperationen mit Karmann in Rheine, RKB in Döbeln

Das »Modell 84« wurde so bis 1990 unverändert gebaut.

Vorstellung des B 1000 mit der neu entwickelten Schiebetür zur LHM 1986.

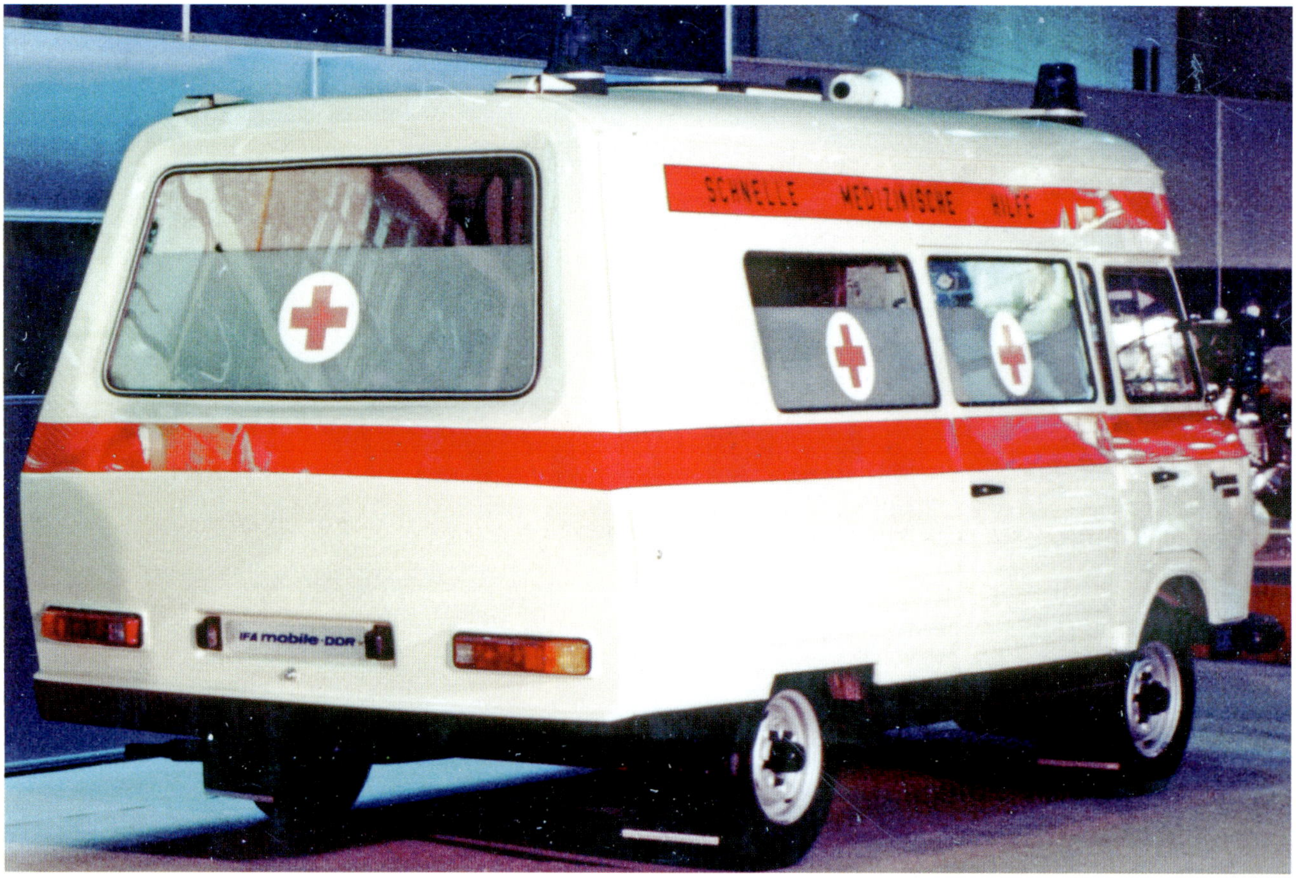

Die Ausführung SMH 3 optimierte die Versorgung der Patienten zu Lasten der Fahreigenschaften.

Zur LHM 1989 erfolgte endlich die Präsentation des neuen Viertaktmotors im B1000-1.

Der Karmann-Wohnmobilaufbau wurde zur LHM 1990 vorgestellt, als Produktionsstart war der März 1991 geplant.

und Westfalia in Rheda-Wiedenbrück brachten nicht den erhofften, aber notwendigen Erfolg.

Am 10. April 1991 endete der Fahrzeugbau der BARKAS-Werke durch einem Treuhandbeschluss endgültig. Bis zu diesem Zeitpunkt hatten 176.201 Stück B 1000 und 1.455 Stück B 1000-1 (Quelle: Barkas GmbH) das Werk verlassen. Die Liquidation der Werke Frankenberg und Hainichen begann, aus dem Werk Chemnitz wurde ein Motorenwerk der Volkswagen AG.

Der Barkas B 1000 war in allen Zweigen der Wirtschaft unentbehrlich und zeichnete sich durch Bequemlichkeit, Sicherheit, Zuverlässigkeit, sparsamen Verbrauch, geringe Wartung und außergewöhnliche Fahreigenschaften aus. Durch die zwei Grundvarianten als selbstragende Ganzstahlkarosse und zum anderen als geschlossene Fahrerkabine mit Hilfsrahmen zur Aufnahme von Pritschen oder Kofferaufbauten bot er eine Vielzahl von Varianten für die verschiedensten Einsatzmöglichkeiten. Dieses Konzept mit zirka 30 unterschiedlichen Aufbauvarianten hatte sich seit 1961 vielfältig bewährt.

Dadurch hat der B 1000 als Schnelltransporter in den Bereichen Handel und Versorgung, Industrie, Handwerk, Landwirtschaft, Gesundheitswesen und den Staatlichen Organen als leistungsstarker und geräumiger Kleintransporter mit einer Nutzmasse von einer Tonne zur Lösung unterschiedlicher Transportaufgaben über 30 Jahre lang beigetragen. Zahlreiche Weiterentwicklungen und Detailverbesserungen führten im Laufe der Jahre zu einer Erhöhung des Gebrauchswertes, der Grenznutzungsdauer und Zuverlässigkeit.

Schleichender Tod, vorhersehbares Ende: Am 10. April 1991, um 9 Uhr 37 lief der letzte Barkas vom Band. Dieses Fahrzeug wird heute von der »Zeitwerkstatt« in Frankenberg museal erhalten

Aufbauvarianten für alle Zwecke

Aufgrund unterschiedlichster Kundenwünsche im In- und Ausland wurde der B 1000 in bis zu 124 Varianten produziert. Die Stückzahlen beliefen sich konstant auf ca. 7.200 Fahrzeuge pro Jahr. Der B 1000 existierte in 2 grundlegenden Aufbauformen, die für die jeweiligen Einsatzgebiete in den Varianten Pritschenwagen, Kastenwagen, Kleinbus, Kastenmehrzweckwagen, Kofferwagen, Kleinlöschfahrzeug und Krankenwagen weiter modifiziert wurden.

Als VEB Kraftfahrzeuginstandhaltung Döbeln, BT des KV Leipzig, wurden seit 1966 serienmäßig Kofferaufbauten in verschiedenen Ausführungen und seit 1967 täglich zirka zehn Ersatzkarossen für Barkas gefertigt (Quelle RKB Döbeln). Die Teile dafür wurden täglich aus Frankenberg und Hainichen mit zwei W50-Lastzügen angeliefert und in den Ausführungen KB, KM und KK geschweißt, braun grundiert und komplettiert. Eine komplette Lackierung erfolgte nur für die NVA-Ausführungen und in Ausnahmefällen. Nachdem die Pressteile in die selbst gefertigten Vorrichtungen eingespannt waren, erfolgte das Verschweißen der Teile per Hand mit Schweißzangen. Anschließend wurden die kompletten Ersatzkarossen inkl. Scheiben, Sitzen, Elektrik zur Bahnverladung an den Bahnhof Döbeln transportiert.

Auf Basis des Barkas B 1000 startete 1983 als Gemeinschaftsprojekt zwischen Barkas, dem DRK der DDR, dem VEB Fahrzeug- und Karosseriebau Parkentin und dem VEB MLW Labortechnik Ilmenau die Produktion. Der GFK-Aufbau auf einem Stahlrohrgerippe bot bessere Möglichkeiten und Platzverhältnisse zur Versorgung der Patienten. Die Fahrzeuge wurden insbesondere größeren Leitstellen zugeteilt.

Bereits im Jahre 1965 wurde zur 800-Jahrfeier der Stadt Chemnitz von den Werktätigen der Barkaswerke als Geburtstagsgeschenk der »Expreß 800« für Stadtrundfahrten an den Nahverkehr übergeben. Der »Expreß 800« wurde in der Rekordzeit von 2 Monaten von den Mitarbeitern nach Feierabend entwickelt und gebaut. In der Folgezeit entstanden in verschiedenen Betrieben weitere Exemplare. In Schwerin wurden mit dem »Petermännchen« bis zum Jahr 2020 mit drei Fahrzeugen, die Anfang der 1990er Jahre auf den Viertaktmotor umgebaut wurden, täglich in der Saison Stadtrundfahrten durchgeführt.

Im Jahre 1979 wurde zusammen mit dem VEB

Auswahlprinzip: Nur einige der zahlreichen Aufbauvarianten des B 1000 fanden den Weg auf die 4. Umschlagseite der KFT. Die nebenstehenden Vignetten waren schon etwas aussagekräftiger.

Carl Zeiss JENA ein Sattelfahrzeug mit Auflieger auf Basis des B 1000 entwickelt, gebaut und zusammen beim KTA in Dresden vorgestellt und abgenommen. Dieses Fahrzeug und die entsprechenden Unterlagen, insbesondere die Schweißprotokolle, dienten als Vorlage für weitere Varianten, die meistens in Kraftfahrzeuginstandhaltungsbetrieben oder Privatunternehmen in den Folgejahren entstanden.

AUFBAUVARIANTEN FÜR ALLE ZWECKE

TB 82-72

Schöne bunte Werbewelt: Bei diesen aufwändig inszenierten Werbeaufnahmen, in Leipzig und Karl-Marx-Stadt, mit Fahrzeugen aus verschiedenen Baujahren gewann man nicht den Eindruck, dass die DDR auch ziemlich trist und grau aussehen konnte.

Generationswechsel?: Die IL 14 wurde 1968 von der Interflug aus dem Liniendienst genommen. Jede Wette, dass dieser B 1000 aus der zweiten Bauserie sie um diverse Dienstjahre überlebte…

Eine bequeme Sitzpositionen, großzügig bemessene Beinfreiheit und reichlich Platz für 8 Personen und großes Gepäck zeichnen den Kleinbus aus.

XX 23-65

Das seit 1970 angebotene Kastenmehrzweckfahrzeug diente nicht nur als reines Transportfahrzeug für Industrie, Handel und Dienstleistungsgewerbe sondern auch wahlweise für die Beförderung von Personen mit einer Nutzmasse von 960 kg.

Kraftfahrzeugtechnik
KFZ
BARKAS B1000
wirtschaftlich
für alle Branchen
1t
9/1965
VEB VERLAG TECHNIK BERLIN
15. Jahrgang · September 1965 · Seiten 321–360 · Heftpreis 1,– MDN
Postverlagsort 108 Berlin
A 4314 E

Abmessungen und Gewichte		Kasten- wagen	Kasten- mehrzweck- wagen	Kleinbus	Pritschen- wagen mit Plane	Pritschen- wagen	Kranken- wagen	Verkehrsunfall- Bereitschafts- wagen	Kleinlösch- wagen	Isotherm wagen	Leichtbau- koffer- wagen	Mehrzweck- koffer- wagen	Bestattun- wagen
Fahrzeuglänge	mm	4595	4595	4595	4725	4725	4595	4595	4685	4555	4555	4555	4595
Fahrzeugbreite	mm	1860	1860	1860	1925	1925	1860	1860	1860	1870	1870	1870	1860
Fahrzeughöhe	mm	1910	1930	1930	2300	1925	2060	2235	2150	2220	2220	2280	1960
Länge Lade-, Fahrgastraum	mm	2710	1500	2710	2800	2800	–	–	–	2620	2620	2620	2140
Breite Lade-, Fahrgastraum	mm	1675	1675	1675	1760	1760	–	–	–	1720	1720	1720	1520
Höhe Lade-, Fahrgastraum	mm	1440	1440	1440	1430	400	–	–	–	1410	1500	1500	1065
Leermasse (einschließl. Fahrer)	kg	1240	1280	1425	1350	1300	1570	1700	1960	1680	1475	1550	1420
Nutzmasse	kg	1000	960	625 (7 Personen)	1000	1050	480	540	280	670	875	800	820
Laderaum-Inhalt	m^3	6,4	3,5	–	7,0	–	–	–	–	6,0	6,5	6,5	–
Höhe der Ladefläche über Boden hinten (beladen)	mm	440	440	440	820	820	475	440	440	700	700	700	790
Breite der Seitentür	mm	1000	1000	1000	–	–	1000	1000	1000	760	760	760	1000
Breite der Hecktür	mm	1040	1040	1040	–	–	1040	1040	1040	1540	1540	1540	1040
Höhe der Hecktür	mm	1230	1230	1230	–	–	1195	1230	1230	1345	1345	1345	1230

Die seit 1965 gefertigte Pritschenausführungen ist durch einen Hilfsrahmen versteift und kann bei einem Leergewicht von 1.280 kg bis zu 1.000 kg zuladen.

VEB Barkas-Werke
IFA-Kombinat für Kraftfahrzeugteile

901 Karl-Marx-Stadt
Deutsche Demokratische Republik

Exporteur:
Transportmaschinen
Export Import
Volkseigener
Außenhandelsbetrieb der DDR

DDR 108 Berlin
Taubenstraße 11 13

B 1000 Kastenwagen
Mit 6,4 m³ Laderauminhalt und 1 t Tragkraft rentabler Lieferwagen für alle Branchen. Durch breite Türen auch für sperrige Güter leicht zugängig. Die großen Seitenwände sind für Werbung gut geeignet.

B 1000 Wärme-Isolierfahrzeug
Kastenwagen mit 40–60 mm geschäumter Polystyrol-Isolierung. Bodenbelag und Seitenwände sind durch Leisten geschützt. Laderaum von 5,7 m³ zum Transport temperaturempfindlicher Güter, da Isolierung wärme- und kälteabweisend wirkt. Direkte Sonneneinstrahlung hat auf Innenraum keinen Einfluß. Lüftung erfolgt durch Windhuze und Luftschlitze.

B 1000 Mehrzweck-Kastenwagen
Für Personen, Ladung oder beides zusammen. Gut geeignet für Montagetrupps und andere Kollektive mit viel Arbeitsgerät. Durch die halbhohe Trennwand zwischen Fahrerkabine und Laderaum ist der Transport von Stangenmaterial bis zu 4 m kein Problem.

B 1000 Bus
Behagliche Kabine und Fahrgastraum für insgesamt acht Personen. Platz für umfangreiches Handgepäck. Bequeme Sitze mit großer Beinfreiheit. Wirkungsvolle Benzinheizung, im Sommer als Belüftungsanlage zu nutzen. Gute Sicht nach allen Seiten durch breite Fensterfront.

B 1000 Pritschenwagen
Auf dem Fahrerhaus-Rahmen-Chassis aufgebaut, ist der Pritschenwagen mit und ohne Plane lieferbar. Durch die Ladeflächenhöhe von 775 mm bequemes Laden mit oder ohne Rampe. Der Kraftstoffbehälter ermöglicht Aktionsradius von etwa 650 km.

B 1000 Krankenwagen
Krankenraum für 5 Personen. Verstellbares Tragengestell für zwei Patienten, das in beliebiger Reihenfolge belegt werden kann. Gut beheizter Krankenraum mit Ausstattung für erste Hilfe.

B 1000 „Dringliche medizinische Hilfe"
Erweiterte Ausstattung des Krankenraumes mit Instrumenten und Medikamenten. Ärztliche Behandlung bereits auf dem Transport möglich. Blaue Rundumleuchte und Bugaufschrift kennzeichnen das Fahrzeug.

B 1000 Verkehrsunfall-Bereitschaftswagen
Reichhaltige Ausstattung des Bereitschaftsraumes für erste Hilfe, Sicherung des Unfallortes und Beweisaufnahme, Funksprechanlage und Fahrtenschreiber dienen der Beweglichkeit im Einsatz. Auf dem Dach befindet sich eine Plattform als Kamerastand für Aufnahmen des Unfallortes. Mit entsprechendem anderen Gerät ausgestattet, auch Einsatz als Verkehrs-Kontrollfahrzeug.

B 1000 Kleinlöschfahrzeug
Einsatzfahrzeug für Industriebetriebe und Freiwillige Feuerwehr. Tragkraftspritze, Schläuche und Arbeitsgerät im Innenraum, vier A-Saugschläuche auf dem Dach, Schlauchhaspel als Nachläufer. Fünf Mann Besatzung.

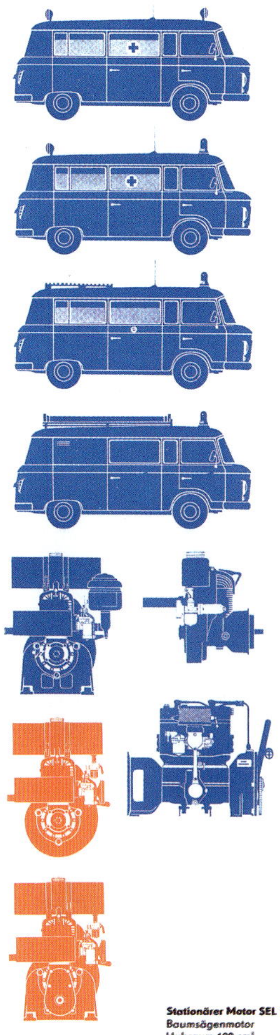

B 1000 Fahrerhaus-Rahmen-Chassis
Fahrerhaus mit durch Hilfsrahmen versteifter Bodengruppe. 70 l-Tank für Aktionsradius von etwa 650 km. Geeignet für Spezialaufbauten verschiedenster Art. Fahrerkabine mit Komfort aller B 1000-Ausführungen.

B 1000 Drehleiterfahrzeug
Die 10 m-Drehleiter und ein großer verschließbarer Schrank für Werkzeug und Gerät ruhen auf dem FR-Chassis. Geräumige Fahrerkabine für zwei Personen wie alle B 1000-Ausführungen. Einsatz besonders in kommunalen Betrieben für Arbeiten an Lichtmasten, Oberleitungen, bei Fensterreinigung und Großdekoration.

B 1000 Isothermfahrzeug
Laderaum auf FR-Chassis mit geschäumtem Polystyrol isoliert, mit Folie ausgeschlagen und Boden mit Lattenrosten belegt. Seitlich Holzgitter zum Schutz der Wände, Abfluß zur Säuberung im Fußboden. Besonders geeignet zum Transport für Fisch und Fleisch, da über längeren Zeitraum gleichbleibende kühle Temperatur.

B 1000 Kofferwagen
Zum Transport großräumiger Güter besonders vorteilhaft, da im Laderaum keine Rundungen an Dach und Seitenwänden. Volle Ausnutzung des Laderaumes von 5,8 m³. Die Rücktüren geben zum Beladen die gesamte Fahrzeugbreite frei. Der Kofferraum ist auf dem FR-Chassis montiert.

B 1000 Verkaufsfahrzeug
Rentables Versorgungsfahrzeug für weitverzweigte Industriebetriebe, Landwirtschaft, Sportveranstaltungen und Erholungszentren. Rationelle Innenausstattung mit viel Bequemlichkeiten und Komfort für das Verkaufspersonal. Mit wenig Mühe umzugestalten für verschiedene Zwecke wie Lebensmittel und Genußwaren, Konfektion, Bücherei und ähnliches.

B 1000 Kastenwagen mit wenig zusätzlichen Einrichtungen und B 1000-Kofferwagen sind wichtige Helfer der Post im Stadt- und Landverkehr. Abgeleitet vom Kastenwagen ist der B 1000 auch im Bestattungswesen eingesetzt.

Zuverlässig verrichten Barkas-Motoren Schwerarbeit und vereinen bei härtester Beanspruchung hohe Wirtschaftlichkeit mit langer Lebensdauer.

Stationärer Motor EL 65
Mehrzweckmotor
Hubraum 63,7 cm³
1,5 PS bei 3000 U/min
2,0 PS bei 4000 U/min

Stationärer Motor EL 150
Mehrzweckmotor
Hubraum 143 cm³
3,5 PS bei 3000 U/min

Stationärer Motor EL 308
Mehrzweckmotor
Hubraum 295 cm³
6 PS bei 3000 U/min

Stationärer Motor SEL 100
Baumsägenmotor
Hubraum 100 cm³
2,5 PS bei 4800 U/min

Stationärer Motor ZW 1103
Wasserpumpenmotor
Hubraum 1100 cm³
28 PS bei 3000 U/min

IFA-Diesel-Einspritzpumpen sind Barkas-Erzeugnisse von höchster Präzision mit maximalem Nutzeffekt.

IFA-Diesel-Einspritzpumpen – Baugröße A
1, 2, 3 und 4-Zylinder
maximale Fördermenge 270 mm³/Hub

IFA-Diesel-Einspritzpumpen – Baugröße B
1, 2, 3, 4 und 6-Zylinder
maximale Fördermenge 400 mm³/Hub

Änderungen vorbehalten.

Drehleiterfahrzeug

Pritschenwagen

Pritschenwagen

BARKAS B1000

Mit der idealen Verbindung zwischen Nutzmasse und Ladevolumen von 1 t zu 6,4 m³ ist der B 1000-Kastenwagen der Grundtyp der bewährten Barkas-Schnelltransporter. Aus ihm wurden durch Auswechseln von Bauteilen verschiedene B 1000-Ausführungen abgeleitet. Die günstigen Raumverhältnisse der selbsttragenden Ganzstahlkarosserie sind die Basis für eine reiche Palette von Ausführungsarten, die einen weitverzweigten und rentablen Einsatz gewährleisten. Dabei spielt die ausgezeichnete Federung des Fahrzeuges eine wichtige Rolle, die beim Krankentransport oder im Glaswarenhandel und ähnlichen Branchen von ausschlaggebender Bedeutung ist. Die Drehstabfederung des B 1000 garantiert schonenden und sicheren Transport.

Dem Haus-zu-Haus-Verkehr der Lebensmittelbranche oder der Dienstleistungsbetriebe bringt die Schnelligkeit des Fahrzeuges viele Vorteile. Für den Transport leicht verderbender Ware ist das B 1000-Isolierfahrzeug vorgesehen.

Der B 1000-Pritschenwagen unterscheidet sich von den anderen Ausführungen durch sein Chassis. Er ist besonders für den Transport kompakter oder sperriger Güter geeignet. Das Chassis bildet die Grundlage für Spezialaufbauten.

Zum Beispiel das B 1000-Isothermfahrzeug für den Transport von Fisch bzw. Fleisch oder das B 1000-10 m-Drehleiterfahrzeug mit der elektrisch-mechanisch ausfahrbaren Leiter.

Die guten Fahreigenschaften aller B 1000-Ausführungen, Leistungsvermögen, Ausstattung und nicht zuletzt das formschöne Äußere führen diesen modernen Transporter immer fester in die Aufgaben von Industrie und Handel, sowohl im Inland, als auch allen unseren Exportländern ein.

Kleinlöschfahrzeug

Isothermfahrzeug

Kastenwagen

Krankenwagen

Kleinbus

Kombiwagen

Verkehrsunfall-Bereitschaftswagen

IFA BARKAS B 1000 – der universelle Transporter mit dem großen Platzangebot

Pritschenwagen ohne Plane
Auf Fahrerhaus-Rahmen aufgebaut. Bequemes Laden mit und ohne Rampe durch Ladeflächenhöhe von nur 820 mm. Tragkraft 1 050 kg.

Pritschenwagen mit Plane
Ladung durch Plane und Spriegel wettergeschützt. Ladevolumen 7,0 m³. Tragkraft 1 000 kg.

Leichtbaukofferwagen
Zum Transport großräumiger Güter besonders vorteilhaft, da im Laderaum keine Rundungen. Volle Ausnutzung des Ladevolumens von 6,5 m³. Rücktüren geben zum Beladen gesamte Wagenbreite frei. Der Kofferraum ist auf dem Fahrerhaus-Rahmen montiert.

Isothermkofferwagen
Laderaum auf Fahrerhaus-Rahmen mit geschäumtem Polystyrol isoliert, mit Folie ausgeschlagen und mit Lattenrosten belegt. Seitliche Gitter schützen die Wände. Abfluß zur Säuberung im Fußboden. Besonders gut geeignet zum Transport von Fisch und Fleisch.

Mehrzweckkofferwagen
Geeignet als Transporter und Service-Fahrzeug. Zwei große Fenster, Belüftung und die Möglichkeit des Einbaues einer Benzinheizung gestatten auch den Aufenthalt von drei Personen im 6,5 m³ großen Laderaum.

Post-Kofferwagen
Spezialausführung des Kofferwagens, den Erfordernissen der Postzustellung angepaßt.

Kleinbus
Behagliche Kabine und Fahrgastraum für insgesamt acht Personen. Platz für umfangreiches Handgepäck. Bequeme Sitze mit viel Beinfreiheit. Wirkungsvolle Benzinheizung und Dachbelüftung für Fahrgastraum. Gute Sicht nach allen Seiten durch breite Fensterfront.

Krankenwagen
Drei bequeme Sitzplätze und Tragegestell für einen Patienten im gut beheizten und mit wirkungsvoller Dachbelüftung ausgestatteten Krankenraum.

Schnelle Medizinische Hilfe
Erweiterte Ausstattung des Krankenraumes mit Instrumenten und Medikamentenschränken. Ärztliche Behandlung bereits auf dem Transport möglich. Blaue Rundumleuchten und Bugaufschrift kennzeichnen das Fahrzeug.

Verkehrsunfall-Bereitschaftswagen
Reichhaltige Ausstattung des Bereitschaftsraumes für Erste Hilfe, Sicherung des Unfallortes und Beweisaufnahme. Sprechfunk und Fahrtenschreiber dienen der Beweglichkeit im Einsatz. Auf dem Dach befindet sich eine Plattform als Kamerastandpunkt für Aufnahmen am Unfallort.

Verkehrskontrollwagen
Weiterentwicklung des Verkehrsunfall-Bereitschaftswagens mit entsprechender Spezialausstattung.

Krankenwagen
Als Rettungsfahrzeug für Freiwillige Feuerwehren kann die Krankenwagen-Normalausführung auch in rot geliefert werde[n].

Kastenmehrzweckwagen
Platz für Personen und Ladung in verschiedenen Varianten.
Beispiel: 4 Personen (ohne Fahrer) und 680 kg Ladung oder
1 Person und 920 kg Ladung ohne Sitze im Laderaum.

Bestattungswagen
Als Spezialausführung bietet das Fahrzeug Platz für 5 Personen Begleitpersonal.

Post-Kastenmehrzweckwagen
Beispiel für Vielseitigkeit mit Spezialausstattung. Dachhalterung mit Leiter vervollständigt das Fahrzeug für den vorgesehenen Verwendungszweck.

Kleinlöschwagen
Bereitschaftsfahrzeug für Industriebetriebe und freiwillige Feuerwehr. Tragkraftspritze, Druckschläuche und Arbeitsgeräte im Innenraum, Saugschläuche auf dem Dach, Schlauchhaspel als Nachläufer. Fünf Mann Besatzung.

Kastenwagen
Mit 6,4 m³ Laderauminhalt und 1 t Tragkraft rentabler Lieferwagen für alle Branchen. Durch breite Türen auch für sperrige Güter zugängig.

Unglaubliche Vielfalt: Es gab ja wohl kaum eine Aufbauvariante, die man dem B 1000 mit seinem schwachbrüstigen Motor nicht aufgebürdet hätte.

Sämtliche Kofferaufbauten für den B 1000 stammen genauso wie die Ersatzkarossen für geschlossene Aufbauten seit 1966 vom VEB Kraftfahrzeuginstandhaltung Döbeln.

AGRAR
service FLUG
INTERFLUG
Čmelák
LET

Für Einsatzkräfte von Feuerwehr, DRK, Polizei u.ä. war der B 1000 von Anfang an eine willkommene Hilfe. (Fotos in dieser Spalte: Ralf Weinreich)

Neben der Kastenwagenausführung wurden in den ersten Jahren vorrangig Krankenkraftwagen und Verkehrsunfallbereitschaftswagen gefertigt.

(Foto: Ralf Weinreich)

(Foto: Michael Benndorf)

(Foto: Ralf Weinreich)

Ausgehend von der Fahrerhaus-Rahmenausführung wurden bei Industriebetrieben, Instandhaltungswerkstätten oder Privatunternehmen diverse Sonderaufbauten gefertigt. (Foto: Michael Benndorf)

Export nach Ost und West

Belgien war über die gesamte Produktionszeit des B 1000 neben Ungarn eines der Hauptabnehmerländer. Seit 1951 wurde über die Fa. Piereux und später Olbrechts Wartung und Barkas (ca. 1000 – 1500 B 1000 pro Jahr) in großen Stückzahlen importiert.

Selbst in den 1980er Jahren, als der Export ins westliche Ausland aufgrund der schlechten Abgaswerte des Zweitaktmotors immer schwerer wurde, konnten durch die guten Beziehungen von Herrn Olbrechts zum Verkehrsministerium mit Ausnahmegenehmigungen Wartburg- und Barkasfahrzeuge importiert werden.

Teilweise wurden dann vor Ort Ford-Dieselmotoren eingebaut und die Originalmotoren zurückgesendet. Eine Nische neben preiswerten Transportern war der Aufbau von Wohnmobilen.

Der Export nach Belgien erfolgte ausschließlich durch belgische oder westdeutsche Speditionen.

In Belgien wurden die Fahrzeuge zu preiswerten Wohnmobilen oder Verkaufskoffern umgebaut.

Das in Belgien gefertigte formschöne Hochdach fand für Transporter und Wohnmobile Verwendung.

Im Hauptabnehmerland Ungarn wurde dieser B 1000 unter anderem als Tiefkühlfahrzeug mit hinten liegendem Tiefkühlaggregat umgebaut.

B 1100 – Der erste Versuch

Da sich Ende der sechziger Jahre der Export des B 1000 aufgrund des Zweitaktmotors und der damit verbundenen Abgaswerte immer schwieriger gestaltete und Viertaktmotoren mit ausreichender Leistung zu schwer und zu groß waren, war eine Neuentwicklung des Fahrwerkes und der Karosserie unumgänglich. Die weiterentwickelte äußere Formgestaltung erhöhte das Ladevolumen sowie die Sicherheit und Platzverhältnisse im Fahrerraum. Vom B 1100 wurden 1969 eine Hochpritsche mit Moskwitsch-Motor und Scheibenbremsen, 1970 eine Hochpritsche mit Zweitaktmotor und Trommelbremsen sowie 1972 eine Pritschenausführung mit Doppelkabine, Moskwitsch-Motor und Scheibenbremsen aufgebaut. Für die Realisierung der Produktionsvoraussetzungen gab es keine staatliche Einordnung in den Volkswirtschaftsplan, da der Fahrzeugbau im Gegensatz zur Mikroelektronik oder Chemieindustrie keine Schlüsseltechnologie darstellte. Sogar die Fortführung der Arbeiten wurde untersagt. Die Entwicklung unter der Typenbezeichnung B 1100 musste 1972 wie üblich aufgrund unklarer Zielstellung zur Perspektive des Automobilbaus in der DDR auf Weisung des Ministeriums für Allgemeinen Maschinen-, Landmaschinen- und Fahrzeugbaus abgebrochen werden. Damit wurde der B 1000 bis 1990 mit dem auf 46 PS gesteigerten Wartburgmotor in seiner bisherigen Konzeption unverändert weiter produziert.

Die drei gebauten und erprobten Funktionsmuster waren zu verschrotten und der Zeichnungssatz an das Ministerium abzugeben. Nur dem Einsatz des Leiters der Versuchsabteilung Ober Ing. Walter Richter ist es zu verdanken, dass die Fahrzeuge 18 Jahre lang in Scheunen versteckt werden konnten und so die Zeiten überdauerten. Zur Verschrottung wurden diverse Alt-und Ausschussteile gebracht und in das Protokoll drei andere Fahrzeuge geschrieben. Einige Flaschen hochprozentige Spirituosen verhalfen dieser Aktion zu ihrem gewünschten Erfolg.

Die Serienausführung des B 1000 im Vergleich zum zweiten Versuchsmuster mit Zeitaktmotor im Jahre 1970. Als Zwischenschritt und Kompromiß wurde hier lediglich das Fahrerhaus neu gestaltet.

Die beiden Varianten mit Moskwitsch-Motor und Scheibenbremsen aus den Jahren 1969 und 1972 wiesen unterschiedlich gestalte Fronten auf.

Die IFA-Werberichtlinie

Der IFA-Warenzeichenverband wurde im Jahre 1956 gegründet und sorgte u. a. für einen einheitlichen Markenauftritt des IFA-Zeichens in Form des bekannten Rhombus. Die IFA-Marke mit ihren drei auf der Spitze stehenden Quadraten bestand seit 1965 als Kollektivmarke. Sie ist Grundlage des IFA-Erscheinungsbildes aller drei Kombinate.

Nach der ökonomischen Festigung des Barkas-Kombinates in den Jahren 1975 bis 1978 erfolgte die schrittweise Einführung und Umsetzung einer einheitlichen Werbelinie für das Kombinat für Kraftfahrzeugteile. Daraus entwickelte sich in den kommenden Jahren unter maßgeblicher Mitwirkung von Rainer Jähne der einheitliche Auftritt und die Markenstrategie des IFA-Kombinates. Kernstück der IFA-Warenzeichenstrategie war die Vereinigung der IFA-Marke mit der Produktbezeichnung als gestalterische Einheit.

Die zusammenfassende Oberfunktion durch das IFA-Blau mit dem Slogan IFA-mobile DDR und dem Pfeilzeichen wurde durchgängig für das IFA-Kombinat verwendet und führte zu einem einheitlichen Auftritt und Markenbild. Die individuellen Schriftzüge der Hersteller wurden schrittweise durch den einheitlichen Schrifttyp »Helvetica« abgelöst. Entsprechend gestaltete sich in den achtziger Jahren auch übergreifend die Erzeugniskennzeichnung mit der IFA-Marke, dem Hersteller als Nachfolgebegriff und der Typenbezeichnung (IFA BARKAS B1000-1) als einheitliche Produktkennzeichnung.

An den Fahrzeugen wurde die einheitlich Erzeugniskennzeichnung durch das pfeilförmige IFA-Zeichen mit kontrastierter Hervorhebung des IFA-Schriftzuges bis 1990 lediglich beim B 1000-1 konsequent umgesetzt.

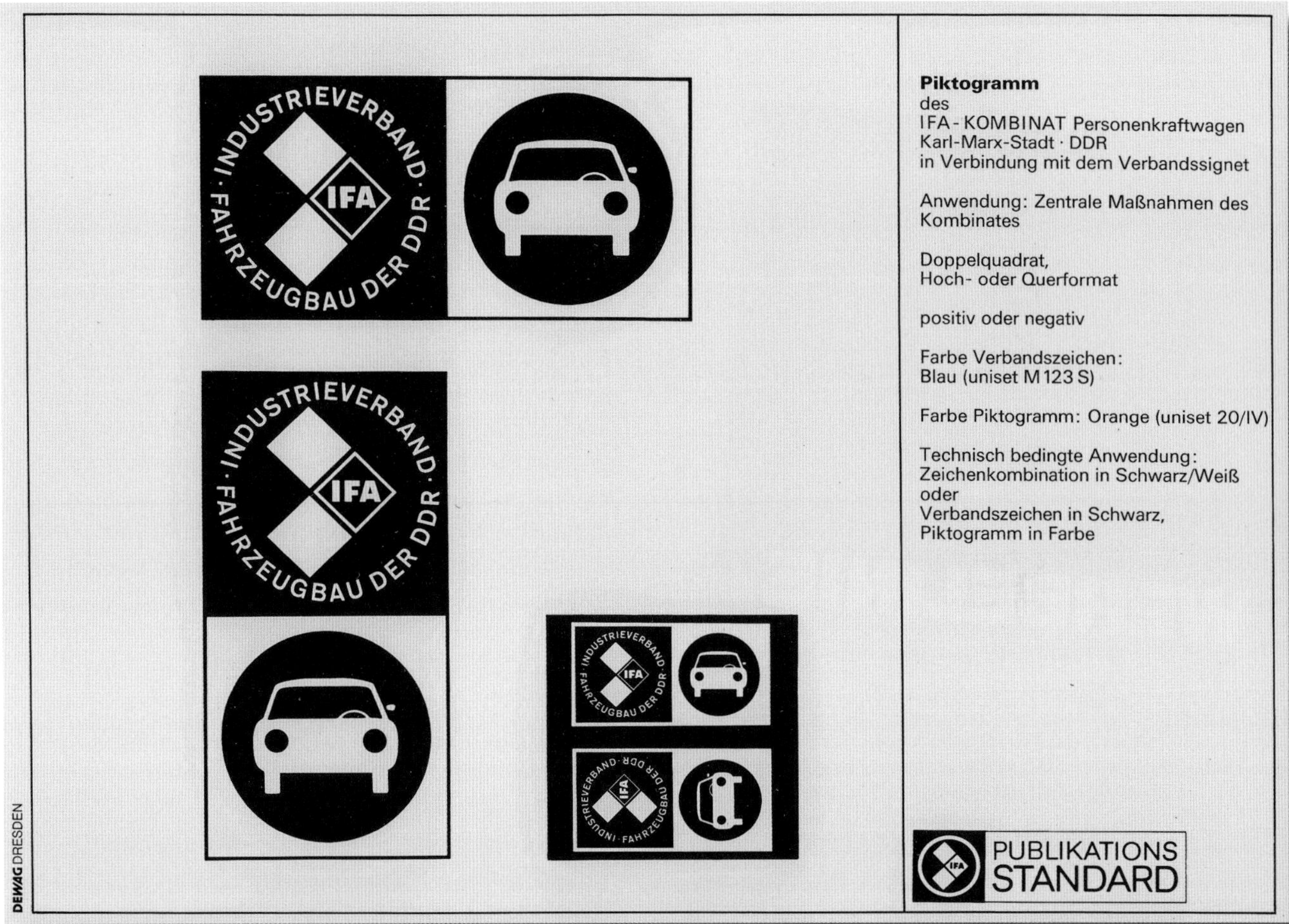

Der IFA-Pfeil als verbindliche Konstante der Markenverwendung und Erzeugniskennzeichnung der drei Kombinate ab 1979.

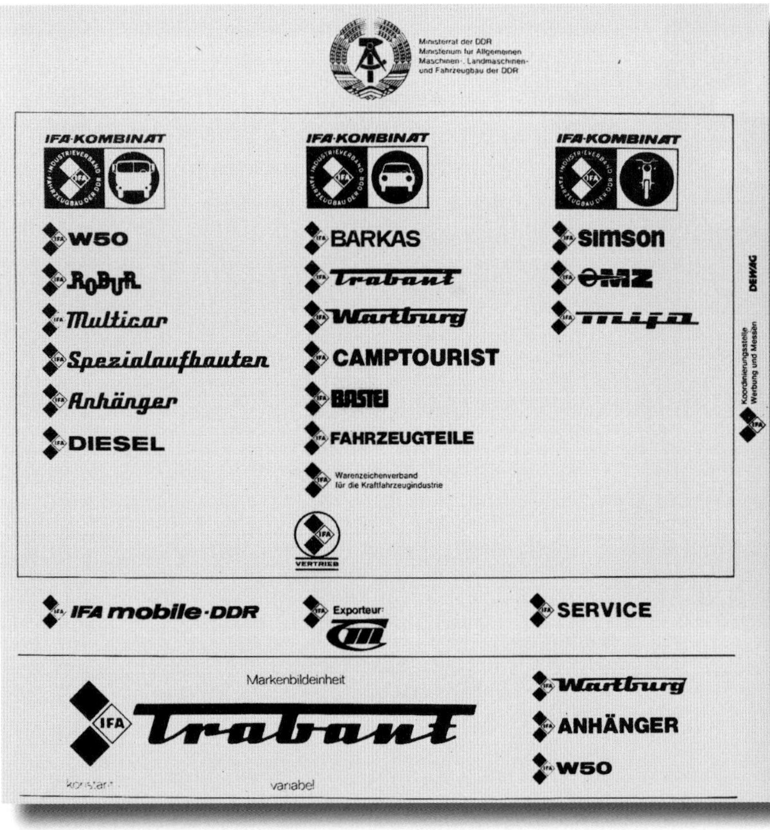

Randerscheinung: Die Barkas-Werbefigur konnte sich nie so richtig durchsetzen.

Geplante Anbringung des neuen Schriftzuges an einem B 1000 HP.

Auch das neue Logo für den B 1000-1 entstand so in Zusammenarbeit von Rainer Jähne und dem freischaffenden Gestalter Lutz Rudolph.

Umsetzung der Werbelinie ab 1975

Konsequent durchdacht: In der DDR war der Berufswunsch eines jungen Menschen noch nicht, später »etwas mit Werbung zu machen«. Vielmehr musste er sich nach einem stringenten Auswahlverfahren durch, nicht selten promovierte, Experten einem mehrjährigen Studium auf einer der wenigen Fachhochschulen unterziehen.
Die Ergebnisse konnten sich dann auch sehen lassen.

Das alte und neue Barkas-Logo im Vergleich. Die Anbringung erfolgte in der Serie jeweils auf der Beifahrertür.

Endlich! Der Viertakter

Konzeption und Entwicklung des B1000-1

Als 1984 die Karosseriebauhalle in Karl-Marx-Stadt für die Kurbelgehäusefertigung des neuen Viertakt-Motors benötigt wurde, stand die B 1000 Fertigung erneut zur Disposition. Darauf wurden die Karosseriefertigung und Untergrundvorbehandlung 1985 nach Frankenberg verlagert.

Die Fertigung des B 1000-1 erfolgte dann nur noch an zwei Standorten. Während im Werk Frankenberg die Fertigung des Rahmens, der Rohkarosserie, die Kleinteilepresserei, die Untergrundvorbehandlung und die Vorlackierung der Rohkarossen untergebracht war, wurde im Werk Hainichen die zerspanungstechnische Abteilung fahrzeugtypischer Teile, die Fertigung der Fahrer- und Beifahrersitze, die Brems- und Kraftstoffleitungsfertigung, die Endlackierung sowie die Endmontage des Fahrzeuges durchgeführt. Die Transporte der Rohkarossen von Frankenberg nach Hainichen erfolgten mit Spezialtransportfahrzeugen über die Landstraße. Daher auch der Ausdruck »längstes Fließband der Welt«. Ab 3. September 1990 wurde der B 1000-1 bis Ende des Jahres parallel zur Zweitaktvariante äußerlich unverändert gefertigt. Von den täglich gefertigten 31 Fahrzeugen liefen anfangs lediglich vier als B 1000-1 vom Band. In dieser Zeit erfolgten ständig kleine Detailverbesserungen an den Serienfahrzeugen. Erst ab 1991 kam das neue PUR-Lenkrad sowie Radialreifen von Michelin zum Einsatz. Mit Wirkung vom 12. September 1990 erfolgte die Umwandlung der VEB Barkas-Werke in eine Kapitalgesellschaft unter der Bezeichnung Barkas GmbH. Die Werke in Frankenberg (Karosseriefertigung) und Hainichen (Endmontage) wurden zum Transporterwerk Frankenberg GmbH zusammengeschlossen. Erst ein Jahr nach der Vorstellung des B 1000-1 zur Leipziger Herbstmesse 1989 erfolgte der Serieneinsatz des im Barkas Motorenwerk Karl-Marx-Stadt hergestellten neuen Motors BM 880. Dies verdeutlicht die Schwierigkeiten bei der konstruktiv-technischen Umsetzung, ohne wesentliche Änderungen im Fahrwerks- und Antriebskonzept. Zu diesem Zeitpunkt war das Grundkonzept des B 1000 bereits über 30 Jahre alt. Das größte Problem stellte die KTA-Typzulassung in Dresden dar, da aufgrund der Schwingungen des Antriebsaggregates die Lärmgrenzwerte für Fahrzeuge erheblich überschritten wurden. Die Zulassung wurde nur durch eine verstärkte Dämmung der vorgestellten Fahrzeuge erreicht.

Die ersten Werbeaufnahmen für den B1000-1 erfolgten noch mit dem Vorgängermodell.

Die im Motorenwerk Karl-Marx-Stadt produzierte Gesamtstückzahl an Viertakt-Ottomotoren BM 880 für den B 1000-1 in den Jahren 1990/91 belief sich auf 1.922 Stück (Quelle: VW Sachsen GmbH). Da nicht alle Motoren verbaut und erst ab Januar 1991 ausschließlich B 1000-1 produziert wurden, ist davon auszugehen, dass tatsächlich weniger B 1000-1 produziert wurden. Nach einem Serienausstoß von 1.455 Fahrzeugen B 1000-1 erfolgte durch die gravierenden wirtschaftlichen Veränderungen am 10. April 1991 die Produktionseinstellung (Quelle: Barkas GmbH).

Weiterentwicklungsvorhaben wie eine Zweikreis-Scheibenbremsanlage und ein ungeregelter Dreiwege-Katalysator wurden 1991 an 10 Nullserienfahrzeugen verwirklicht, aber nicht mehr serienwirksam. Insgesamt wurden seit 1961 177.656 B 1000 und B 1000-1 in unterschiedlichen Ausführungen produziert. Die Stückzahlen beliefen sich in den letzten Jahren nahezu konstant auf 7.200 Fahrzeuge pro Jahr.

Sämtliche Fahrzeuge wurden nicht über den IFA-Vertrieb vermarktet, sondern direkt in Hainichen durch die Absatzabteilung übergeben. Die Barkas-Fahrzeuge wurden bis 1990 nicht frei verkauft, sondern nach einem bestimmten Schlüssel verteilt (Export, NVA, MdI, DRK, Genex, volkseigene Betriebe, Privatpersonen ...). Dabei betrug der Exportanteil nach Ungarn und Belgien ca. 50% der Gesamtproduktion. Nach der Währungsunion mussten sich die Fahrzeuge im harten Wettbewerb mit einem Verkaufspreis von 16.000 bis 20.000 DM behaupten. Dies führte zwangsläufig zu Absatzeinbrüchen. Das Ziel, preiswerte Kleintransporter für Handwerker und Gewerbetreibende anzubieten, wurde nicht erreicht. Die Herstellung des Fahrzeuges umfasste zum Zeitpunkt 30.03.1991 einen materialseitigen Umfang für das Kastenmehrzweckfahrzeug von 12.400 DM und für das Pritschenfahrzeug von 11.300 DM. Die Fertigungszeit betrug 88 bzw. 72 Stunden.

Für die Präsentation zur LHM 1989 wurden diese zwei Fahrzeuge mit einem veränderten Bugteil aus Kunststoff ausgestattet, welches in der Serienfertigung aus Kostengründen nicht umgesetzt werden konnte.

IFA BARKAS
B 1000-1
mit
Vierzylinder-Viertakt-
Ottomotor
IFA mobile-DDR

Mit seinem Vierzylinder-Viertakt-Ottomotor verfügt der Transporter IFA-Barkas B 1000-1 über eine maximale Leistung von 43 kW (58 PS) bei 5.500 U/min. und ein maximales Drehmoment von 96 Nm bei 3.300 U/min. Die Kraftübertragung erfolgt über eine Einscheiben-Tellerfeder-Trockenkupplung und das vollsynchronisierte Vierganggetriebe auf die Vorderräder. Damit erreicht das Fahrzeug die Höchstgeschwindigkeit von 100 km/h. Die Startautomatik und der elektrische „Heizigel" im Ansaugrohr sorgen für problemlose Kaltstart- und Warmlaufphase unter allen Betriebsbedingungen.

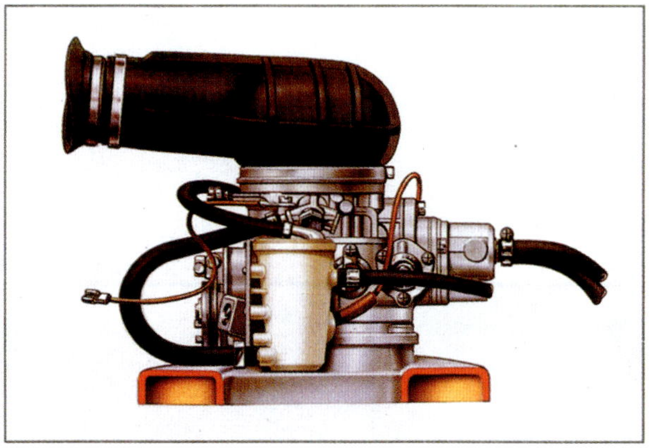

Der Fallstromvergaser 34 TLA (Lizenz Weber) ermöglicht eine optimale Gemischaufbereitung als Voraussetzung für einen wirtschaftlichen Motorbetrieb. Zusammen mit der elektronischen Batterie-Zündanlage wird eine geringe Abgasbelastung der Umwelt erreicht und damit die für die Abgasemission in der ECE-Regelung festgelegten Werte erfüllt.

Der Viertakt-Otto-Motor BM 880

Die 1984 auf höchster Ebene getroffenen Beschlüsse zur Übernahme der alpha-Motorenreihe von VW bildeten die Grundlage zur Einführung des in Karl-Marx-Stadt in Lizenz hergestellten Viertakt-Ottomotors EA 111 der Volkswagen AG. Dieser Motor fand als BM 880 im Barkas B 1000-1, als BM 860 im Wartburg 1.3 und als BM 820 im Trabant 1.1 Verwendung. Der Barkas B 1000-1 als Weiterentwicklung des seit 1961 gebauten B 1000 wurde erstmals auf der Leipziger Herbstmesse 1989 der Öffentlichkeit vorgestellt, nachdem 1 Jahr zuvor bereits der Wartburg 1.3 mit dem identischen Motor in Serienproduktion ging. Durch den Längseinbau

Der Zweitakter des B 1000 mit veränderten Zylinderkopf im Vergleich zum Wartburg.

Der neue Viertakter BM 880 mit Halterung für die Zwangslüftung. Nur dadurch konnte der entsprechende Luftaustausch im Motorraum erzielt werden.

des neuen Vierzylinder-Viertaktmotors mit 43 KW (58 PS) Leistung wurden das Antriebskonzept und die Kraftübertragung beibehalten. Das Getriebe des B 1000-1 vom VEB Fahrzeuggetriebewerk »Joliot Curie« Leipzig wurde durch eine Veränderung des Getriebegehäuses im Bereich der Kupplungsglocke neu gestaltet. Außerdem wurde die Achsübersetzung von 7:37 auf 7:39 (5,571) durch Änderung des Tellerrades angepasst. Durch das modifizierte Getriebe wurden kürzere Schaltwege ermöglicht. Auch die Schwungscheibe und die Zentralausrückung wurden geändert. Die Grundkonzeption blieb jedoch unverändert und der größte Schwachpunkt beim B 1000-1. Der sperrbare Freilauf wurde beibehalten. Somit ist der B 1000-1 das einzige Fahrzeug mit Viertaktmotor und Freilauf. Das Getriebewerk Leipzig forderte einen einstelligen Millionenbetrag zur Entwicklung eine neuen 5-Gang Getriebes. Der jedoch aufgrund der sich abzeichnenden Veränderungen nicht mehr realisiert werden konnte.
Im Zusammenhang mit dem Einbau des BM 880 wurden die Ansauganlage mit Gemischvorwärmung und der neue Vergaser 34 F 1-3 von BVF (Lizenz Weber) an die Einbaubedingungen im B 1000-1 angepasst. Die ungünstigen Strömungsverhältnisse im Bereich des Motorraumes machten jedoch eine spezielle Frischluftzufuhr aus dem Frontbereich und die Beibehaltung der Zwangslüftung erforderlich. Der permanente Kühllüfter ist im Gegensatz zum Wartburg am für den B 1000-1 modifizierten Lichtmaschinenhalter angeschraubt.

Die Abgasanlage wurde mit einem Doppelporteinlaufrohr als Zweidämpferanlage vom VEB Blechverformungswerk Leipzig völlig neu entwickelt.
Die Frischluftzufuhr für den Fahrgastraum erfolgt beim B 1000-1 durch den hinter dem Kühlergrill liegenden, regelbaren Lufteintritt in Verbindung mit einem zweistufigen Axialgebläse. Dadurch wurden

	B 1000 1973-1990	B 1000-1 1990-1991
Motor	AWE 353-1	BM880
Zylinder	3	4
Hub/Bohrung	78/73,5 mm	72/75 mm
Hubraum	992 cm^3	1272 cm^3
Leistung	46 PS bei 3500 U/min	58 PS bei 5400 U/min
Drehmoment	105 Nm bei 2750 U/min	96 Nm bei 3000 U/min
Normverbrauch	10,7 l/100 km	9,8 l/100 km

die Regler in der Instrumententafel leicht verändert. Durch den Längseinbau des neuen Motors unter Beibehaltung des Antriebes ist die Motorhaube bzw. der Mitteltunnel höher und breiter als bei der Zweitaktausführung. Das Fußhebelwerk wurde geändert, was zu einer ungünstigen Stellung des Gaspedals führte. Die Rahmengabel und der Mittelrohrrahmen wurden ebenfalls an die Bedingungen des neuen Triebsatzes, Kühlung, Abgasanlage, Kupplung und Fußhebelwerk angepasst. Weitere Änderungen betrafen die Sitzbezüge sowie die Farbe des Himmels. Insgesamt verbesserten sich insbesondere die Grenznutzungsdauer, der Fahrkomfort, die Umweltfreundlichkeit sowie die Gesamtwirtschaftlichkeit. In der Karosseriefertigung ergaben sich nach wie vor Probleme durch den Verschleiß der Presswerkzeuge. Dies führte insbesondere im Bereich des Daches zu erheblichen Toleranzen.

Der Wartburg-Motor BM 860 wurde in folgenden Punkten modifiziert und damit zum BM 880

- Kurbelwelle mit Spurlagerung (Nadellager) für Antriebswelle des Getriebes
- Schwungrad für Kupplung mit 200 mm Außendurchmesser (Drehschwingungsdämpfer)
- Halterung für Lichtmaschine und Lagerung des mechanisch angetriebenen Lüfters
- Topfkeilriemenscheibe auf der Kurbelwelle
- Ölmessstab-Führungsrohr vollständig
- Ölabscheider
- Elastische Vierpunkt-Aufhängung des Triebwerkes

Mit all diesen Modifikationen wurde der BM 880 zu einem eigenständiges Aggregat für den Barkas B 1000-1.

Die geplante Scheibenbremse

Die ersten Versuche für den Einsatz von Scheibenbremsen erfolgten bereits Anfang 1970 im Zusammenhang mit dem Projekt B 1100. Diese Fahrzeuge dienten u.a. als Versuchsträger für den Einbau von Viertaktmotoren, vorrangig aus sozialistischer Produktion. Das Pritschenfahrzeug besaß den originalen Motor AWE-1 mit 33 KW (46 PS), wohingegen die beiden anderen Versuchsmuster mit Moskvich-Motoren ausgerüstet wurden. Der Lochkreis betrug für die 14-Zoll-Felgen 137 mm. Dieser Lochkreis fand auch bei dem ersten Musterfahrzeug für den neuen Viertaktmotor 1987 sowie bei den beiden Karmann-Wohnmobilen Verwendung. 1989 erfolgten weitere Änderungen und Anpassungen an der Scheibenbremse. Zum Einsatz kamen umgeschweißte Felgen mit einem Lochkreis von 130 mm. Von Januar bis April 1991 baute das Transporterwerk Frankenberg zusätzlich 10 Vorserienfahrzeuge mit 2-Kreis-Schwimmsattelscheibenbremse für die Vorder- und Hinterachse in Kombination mit 14-Zoll-Radialbereifung (Lochkreis 122 mm analog VW) und einem ungeregelten Dreiwegekatalysator. Die Bremsen wurden in Zusammenarbeit mit dem VEB Bremshydraulik Limbach-Oberfrohna entwickelt, wobei Komponenten des Trabant 1.1 (Hinterachse) und des zukünftigen Multicar M26 zum Einsatz kamen. Die zehn Nullserienfahrzeuge verfügten über eine VA-Schwimmsattelbremse 2 x 46 mit Feststellbremse. Bei den Scheibenbremsen ist wegen der geringen Kennung eine hohe hydraulische Übersetzung notwendig. Gleiches gilt für die Feststellbremse, bei der eine hohe mechanische Übersetzung erforderlich ist. Insbesondere die Feststellbremse gab Anlass zur Kritik, da sie in bestimmten Situationen nicht löste. Hierzu erfolgte eine schriftliche Belehrung über die Reaktion bei eventuellem Festklemmen der Handbremse: »Aus dem Fahrzeug aussteigen und den jeweils klemmenden Handbremshebel hinter dem rechten bzw. linken Vorderrad nach unten ziehen, dabei ist über das Rad zu greifen. Das Fahrzeug rollt dann in den Vorlegeklotz bzw. wird durch den eingelegten Gang gehalten.«

Die Betätigungskraft wird vom Handbremshebel über das Bremsseil auf einen Kugelrolltrieb, bestehend aus Schnecke und Schneckenbuchse, übertragen. Aufgrund der Produktionseinstellung konnte die Überführung in die Serienproduktion, die für Herbst 1991 geplant war, nicht mehr realisiert werden.

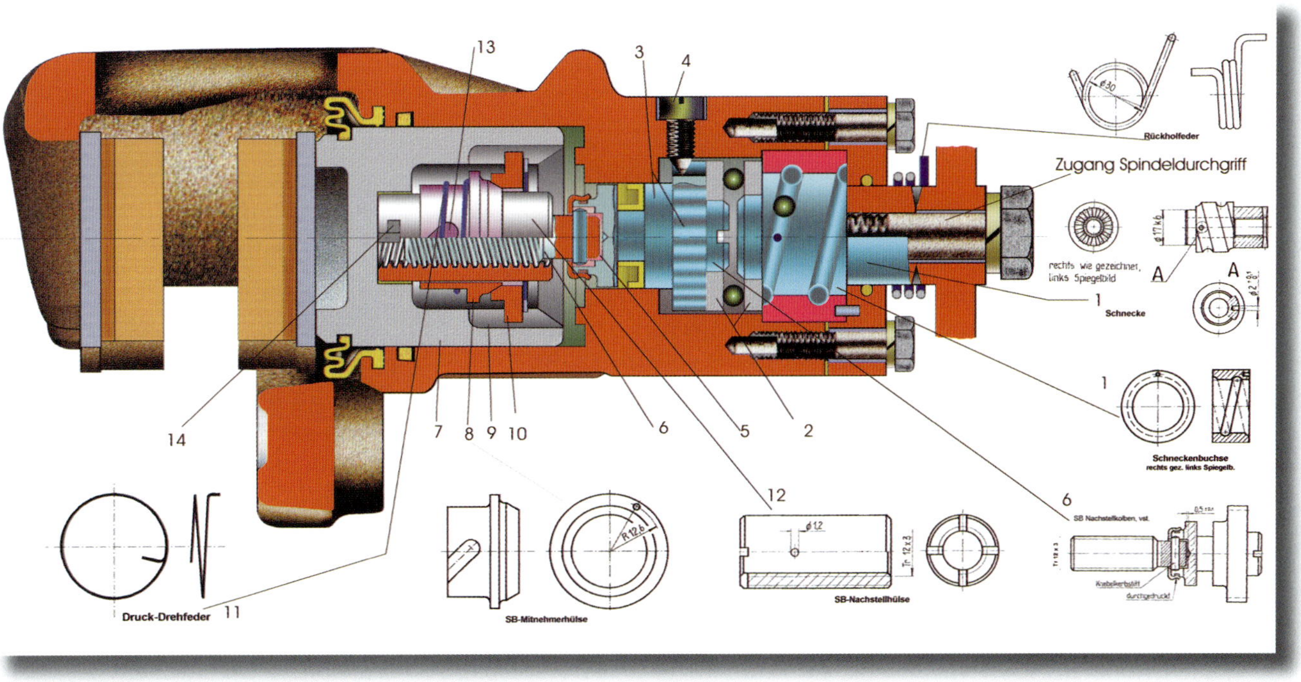

Erste Gestaltungsentwürfe für eine neue Bugpartie des Gestalters E. Heinig vom April 1980 im Vergleich zum Serienmodell.

Erste Entwürfe für die neue Front

In Zusammenarbeit mit Formgestaltern entstanden Studien, in deren Ergebnis nur die Änderung der Frontpartie als möglich erachtet wurde. Dabei waren auch die Investitionsmittel und der zur Verfügung stehende Realisierungszeitraum von ausschlaggebender Bedeutung. Im Zusammenhang mit der Erprobung des neuen Viertaktmotors wurden seit 1988 aufgrund von Studien modifizierte Bugvarianten getestet. Die auf der Leipziger Herbstmesse vorgestellte Gestaltungsänderung durch Einsatz einer dreiteiligen Frontblende aus Kunstsoff, neuem Bugunterteil mit Lufteinlässen, geänderten Scheinwerfern und zusätzlichen seitlichen Blinkleuchten konnten jedoch bis zur Einstellung der Produktion am 10. April 1991 aus Kostengründen nicht realisiert werden. Die Vorgabe, in der ersten Stufe nur Designänderungen in Verbindung mit dem Einbau

des neuen Antriebsaggregates zu realisieren, wurde in Eisenach, Zwickau und Karl-Marx-Stadt unterschiedlich ausgelegt. Die in der Serie realisierten technisch-konstruktiven Änderungen konnten beim B 1000-1 nicht durch eine optische Aufwertung des Fahrzeuges hervorgehoben werden. Aufgrund der höheren Produktionskosten und fehlender Investitionsmittel wurde die geänderte Frontpartie nicht serienwirksam. Es blieb bei den vorgestellten 2 Musterfahrzeugen in der Ausführung KB und HP. Der B 1000-1 wurde äußerlich nahezu unverändert produziert und war lediglich an den geänderten Schriftzügen auf der Beifahrertür erkennbar.

Die Gestaltungsentwürfe für die neue Bugpartie wurden 1981 an einem Musterfahrzeug umgesetzt.

Die weiterentwickelten Gestaltungsentwürfe für eine neue Front im Jahre 1983

Der sogenannte Riesenschnauzer 1988 verfügte über wesentliche Komponenten des Wartburg 1.3

Auch für diese gelungene Gestaltungsvariante wäre eine Änderung der Presswerkzeuge notwendig gewesen. Die zusätzliche Lufteinlässe im unteren Bereich wurden per Hand gedengelt. (Foto rechts: Ralf Weinreich)

Die beiden Messemuster mit der favorisierten Buggestaltung für die Serienfertigung

Eine weitere Variante mit aufgesetzten Frontmittelteil (Foto: Ralf Weinreich)

Gestaltungsentwurf des belgischen Importeurs mit nachträglich aufgesetzter Frontmaske und der favorisierte Entwurf von Barkas.

Weitere Aufbauvarianten und Kooperationen beim B 1000-1

Der B 1000-1 existierte analog dem Vorgänger in zwei grundlegenden Aufbauformen, die für die jeweiligen Einsatzgebiete in den Varianten Pritschenwagen, Kastenwagen, Kleinbus, Kastenmehrzweckwagen, Kofferwagen, Kleinlöschfahrzeug und Krankenwagen weiter modifiziert wurden. Die Fahrzeuge wurden hauptsächlich in den Farben Grün, Blau, Rot und Weiß ausgeliefert. Zusätzlich wurden im RKB Karosseriewerk Döbeln GmbH 1990/91 ca. zehn Stück B1000-1 als Verkaufskoffer auf Pritschenfahrgestellen aufgebaut.

Im Fahrzeug-und Karosseriebau Parkentin wurden 1991 noch ca. 50 SMH-3 für den Export nach Litauen produziert.

Zur Leipziger Herbstmesse 1990 wurde als Gemeinschaftsprojekt mit der Karmann-Rheine GmbH & Co.KG ein Karmann Reisemobilaufbau mit 4 Schlafplätzen und einer Gesamtlänge von 4,90 m vorgestellt. Von dieser Variante wurde ein Fahrzeug in Rheine und anschließend ein Fahrzeug in Frankenberg aufgebaut. Als Basis diente die Fahrerhaus-Rahmenausführung. Auf den geringfügig geänderten Rahmen wurde ein Sperrholz-Leistenskelett aufgebaut und mit Styroporplatten zur Wärmeisolation und Stabilitätserhöhung ausgefüllt.

Die Firma RKB in Döbeln ist seit über 30 Jahren einer der führenden Hersteller von individuell gefertigten Verkaufsfahrzeugen. Die Entwicklung begann mit diesem Verkaufskoffer im Herbst 1990.

Parallel dazu wurde zusammen mit Westfalia ein Campingbus mit einem Hochdach aus GFK und großen Panoramafenstern entwickelt und vorgestellt. Da für die Jahre 1990 und 1991 keine Bandbücher aus Hainichen mehr existieren, kann keine Aussage über die Stückzahl der einzelnen Varianten getroffen werden.

Eine der letzten Werbeaufnahmen des B 1000-1 mit aufgewerteter Innenausstattung als BARKAS 1.3 Minibus

Abmessungen und Gewichte	Kastenwagen	Kleinbus	Pritschenwagen	Leichtbaukofferwagen
Fahrzeuglänge mm	4595	4595	4725	4555
Fahrzeugbreite mm	1860	1860	1925	1870
Fahrzeughöhe mm	1910	1930	1925	2220
Länge Lade-, Fahrgastraum mm	2710	2710	2800	2620
Breite Lade-, Fahrgastraum mm	1675	1675	1760	1720
Höhe Lade-, Fahrgastraum mm	1440	1440	400	1500
Leermasse einschl. Fahrer kg	1240	1425	1300	1475
Nutzmasse kg	1000	625 (7 Pers.)	1050	875
Laderaum-Inhalt m^3	6,4	-	-	6,5
Höhe Ladefläche über Boden mm	440	440	820	700
Breite der Seitentür mm	1000	1000	-	760
Breite der Hecktür mm	1040	1040	-	1540
Höhe der Hecktür mm	1230	1230	-	1345

Diese Aufnahmen geben einen Einblick in die wiederum nicht allzu üppige Farbpalette der Viertakter.

BARKAS
B 1000-1
B 1000-1
BARKAS
REA 2-65

Barkas B 1000-1

mit Vierzylinder-Viertakt-Ottomotor

Das Neue am Barkas ist der Viertaktmotor 1,3 l, der mit seinem Hubraum von 1272 cm^3 eine Leistung von 43 kW bringt. Diese Kraft wird auf die Vorderräder übertragen und verleiht dem B 1000-1 die Höchstgeschwindigkeit von 115 km/h.
Die wendigen und vielseitigen Barkas-Transporter sind damit nicht nur leistungsstärker und sparsamer geworden, sondern tragen gleichzeitig den verstärkten internationalen Bemühungen zur Reduzierung der Umweltbelastung Rechnung, da der Motor die für die Abgasemission in der ECE-Regelung festgelegten Werte erfüllt.

Technische Daten:

Motor:

Bauart: Vierzylinder-Viertakt-Ottomotor
Hub/Bohrung: 72/75 mm
Hubraum: 1272 cm^3
Leistung: 43 kW bei 5400 min^{-1}
Maximales Drehmoment: 96 Nm bei 3500 min^{-1}
Verdichtung: 9,5
Ventilspiel: hydraulischer Ventilspielausgleich
Vergaser: Einkanalvergaser Lizenz Weber 34 F 1–3 mit Starthalbautomatik Schubabschaltung Leerlaufkanalheizung
Zündung: elektronische Batteriezündanlage
Kühlung: Flüssigkeitskühlung geschlossen

Kraftübertragung

Kupplung: Einscheiben-Trockenkupplung
Getriebe: mechanisch synchronisiertes 4-Gang-Wechselgetriebe
Übertragungselement: Doppelgelenkwellen

Änderungen vorbehalten

Barkas B 1000-1

der universelle Transporter mit dem großen Platzangebot vielseitig und zuverlässig

Die bewährten Transporter der traditionsreichen Barkas-Produktion haben in der gesamten Breite ihrer Ausführungspalette eine wertvolle Bereicherung erfahren: den BARKAS B 1000-1.

Abmessungen und Gewichte		Kastenwagen	Kastenmehrzweckwagen	Kleinbus	Pritschenwagen mit Plane	Pritschenwagen
Fahrzeuglänge	mm	4595	4595	4595	4725	4725
Fahrzeugbreite	mm	1860	1860	1860	1925	1925
Fahrzeughöhe	mm	1910	1930	1930	2300	1925
Länge Lade-, Fahrgastraum	mm	2710	1500	2710	2800	2800
Breite Lade-, Fahrgastraum	mm	1675	1675	1675	1760	1760
Höhe Lade-, Fahrgastraum	mm	1440	1440	1440	1430	400
Leermasse (einschl. Fahrer)	kg	1275	1335	1480	1385	1335
Nutzmasse	kg	1000	960	625 (7 Personen)	1000	1050
Laderaum-Inhalt	m^3	6,4	3,5	–	7,0	–
Höhe der Ladefläche über Boden hinten (beladen)	mm	440	440	440	820	820
Breite der Seitentür	mm	1000	1000	1000	–	–
Breite der Hecktür	mm	1040	1040	1040	–	–
Höhe der Hecktür	mm	1230	1230	1230	–	–

lit seinem Platzangebot bis zu 7,0 m^3 bei einer utzmasse von 1000 kg je nach Ausführung kann der 1000-1 überall dort eingesetzt werden, wo es in allen weigen der Wirtschaft um sicheren und schnellen ransport von Personen, Gütern oder auch beides usammen geht.

Breite Türen und niedrige Ladefläche gestatten bequemen Zugang und machen Ladearbeiten mit nur wenig Mühe möglich.

en- ›n	Verkehrsunfall-Bereitschafts-wagen	Kleinlösch-wagen	Isotherm-wagen	Leichtbau-koffer-wagen	Mehrzweck-koffer-wagen	Bestattungs-wagen
5	4595	4685	4555	4555	4555	4595
0	1860	1860	1870	1870	1870	1860
0	2235	2150	2220	2220	2280	1960
	–	–	2620	2620	2620	2140
	–	–	1720	1720	1720	1520
	–	–	1410	1500	1500	1065
0	1740	2015	1715	1510	1585	1475
0	540	280	670	875	800	820
	–	–	6,0	6,5	6,5	–
5	440	440	700	700	700	790
0	1000	1000	760	760	760	1000
0	1040	1040	1540	1540	1540	1040
5	1230	1230	1345	1345	1345	1230

BARKAS
1.3 CAMPER
Ein Wohnmobil zum Preis eines Mittelklasse-wagens.
BARKAS
B 1000-1

KARMANN MOBIL

Karmann-Reisemobil-Aufbau auf Barkas 500-Fahrgestell.

Ein Gemeinschaftsprodukt der beiden Unternehmen KARMANN und BARKAS.

Karmann-Rheine
GmbH & Co. KG
Verkauf Sonderfahrzeuge
Birkenallee · Postfach 1665
4440 Rheine
Telefon (05971) 865-886/-887
Terlefax (05971) 865-959

Basisfahrzeug:
Barkas 1,3 ltr. - 4 Zylinder-Viertakt-Ottomotor, 43 kW, Benzinausführung, wassergekühlt, Frontantrieb

Komplettpreis incl. Aufbau: **39.985,00 DM**

Technische Daten:	
Tankinhalt	70 ltr.
Reifengröße	185 R 14 C - 6 PR
Bordspannung	12 V
Abmessungen und Gewichte:	
Fahrzeuggesamtlänge	ca. 4900 mm
Fahrzeughöhe	ca. 2700 mm
Aufbaubreite	ca. 2050 mm
Innenmaße (Wohnaufbau):	
Aufbaubreite	ca. 1950 mm
Aufbauhöhe	ca. 1950 mm
Alkovenhöhe	ca. 570 mm
Fahrzeug-Leergewicht	ca. 2000 kg
zulässiges Gesamtgewicht	ca. 2500 kg

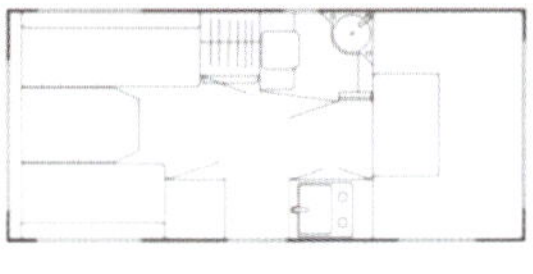

Alle vorstehend genannten Preise enthalten die derzeit gültige Mehrwertsteuer von 14% und sind als unverbindliche Preisempfehlung zu betrachten.
Erst der Kraftfahrzeugbrief weist Sie als Eigentümer Ihres Reisemobils aus.
Änderungen in der Konstruktion, in der Ausstattung sowie eine Gewichtsdifferenz von ± 5% behalten wir uns vor.

Das Wohnmobil befindet sich noch in der Entwicklungsphase; Änderungen, speziell zum Ausstattungsumfang, sind daher noch möglich.

1.3 MINIBUS

Papa sagt:
"Mutti und der Minibus sind Gold wert"

BARKAS

1.3 MINIBUS

*Ob nun als Familienbus, Shuttle zwischen Hotel und Skilift oder aber als Transporter für Bautrupps einen rentableren Kleinbus gibt es kaum. Der **BARKAS 1.3 MINIBUS** stellt bestimmt kein Statussymbol dar; aber er ist ein Symbol für Zweckmäßigkeit und Zuverlässigkeit.*

*Der **BARKAS 1.3 MINIBUS** wird für Menschen gebaut denen das Erlebnis mehr bedeutet als der Luxus. Jenen Menschen, und allen die sie mitnehmen wollen oder müssen bietet der **BARKAS 1.3 Minibus** eine preiswerte Mobilität.*

Media Max / Ruksaldruck

Technische Daten, Ausstattung

Motor und Fahrgestell

- Vierzylinder Viertakt Ottomotor ohc, wassergekühlt
- Hubraum 1272 ccm, Leistung 43 kw (58 PS)
- 4 Ganggetriebe mit integriertem Achsantrieb für Frontantrieb
- ungeregelter 3-Wege-Katalysator
- mittragende Ganzstahlkarosserie mit Kastenprofil
- Einzelradaufhängung
- Hydraulische Zweikreisbremse vorn u. hinten Scheibenbremsen und Bremskraftverstärker
- Bereifung 5 1/2 Jx14, Reifen 185 R 14C - 6PR

Gewichte und Abmessungen

Leergewicht	ca. 1750 kg
zul.Gesamtgewicht	2150 kg
Zuladung	400 kg
Länge	4595 mm
Breite	1860 mm

Serienausstattung

Halogenscheinwerfer, Rückfahrscheinwerfer, Ablagefächer in den Fahrertüren, Verbundglaswindschutzscheibe, Wisch-Wasch-Automatik, Tageskilometerzähler, PUR-Sicherheitslenkrad, abschließbare Tankklappe.

Sonderausstattung:

Radio, Komfortsitze, Kopfstützen, Teppichboden, Zusatzheizung, Schiebefenster hinten, Glashubdach, zus. Ablage, Abdeckplatte für Ladefläche

BARKAS Transporterwerk GmbH
Karl-Marx-Str. 61
Frankenberg 9262

Das Ende

Auf Grundlage eines Treuhandbeschlusses erfolgte am 10. April 1991, wie in Zwickau und Eisenach, die endgültige Einstellung der Produktion. Damit endete in Frankenberg und Hainichen die über sechzigjährige Tradition des Fahrzeugbaus. Von den 2.300 Beschäftigten in Frankenberg und Hainichen verblieben 1993 noch ca. 250 Mitarbeiter in Arbeitsbeschaffungsmaßnahmen in Form der ABS Straßenfahrzeugbau bei Barkas. Die Leitung der Barkas GmbH versuchte in Verbindung mit dem Betriebsrat frühzeitig Ausweichlösungen zu schaffen, um dem massenhaften Arbeitsplatzabbau entgegenzuwirken. Im März 1992 wurde parallel zu den laufenden Aufgaben ein Projekt entwickelt, die Hauptproduktionslinie des B 1000-1 in die Region St. Petersburg zu verlagern. Der Barkas B 1000 war in den osteuropäischen Ländern als preisgünstiges, robustes und wartungsfreundliches Fahrzeug eingeführt. Ziel dieses Projektes war die Schaffung und Reaktivierung von Arbeitsplätzen auch in der Zulieferindustrie sowie die wirtschaftliche Verknüpfung zwischen Sachsen und Russland auf der politischen Ebene. Mit einem Aufwand von 4 Mio. DM sollten die Anlagen mit Ausnahme der Oberflächenveredlung überholt, zerlegt und in 40 Großcontainer verpackt werden. Zu diesem Zeitpunkt waren die Werke in Frankenberg und Hainichen Töchter der IFA PKW AG in Verwaltung der Treuhand mit dem Ziel der Privatisierung. Durch die Rückübertragung eines Teiles der Produktionsfläche des Werkes Frankenberg der Barkas GmbH an die Firma Hunger ergaben sich zusätzliche Probleme in Bezug auf Demontage und Lagerung von Materialien.

Eine geplante Verlagerung der Produktion in die Nähe von St. Petersburg, in die viele Mitarbeiter ihre Hoffnungen gesetzt hatten, kam nicht zustande und scheiterte an den Transportkosten. Immerhin sicherte dieses Projekt noch 3 Jahre für ca. 250 Barkaswerker Lohn und Brot. Sämtliche Werkzeuge, Maschinen und Anlagen wurden katalogisiert und transportfertig in Kisten verpackt. Dafür waren die Fertigungsunterlagen technologisch und konstruktiv auf den neusten Stand gebracht und von technischen Dolmetschern ins Russische übersetzt worden.

Einige Versuchsfahrzeuge wurden in St. Petersburg auf Moskvich-Motoren umgebaut, da VW ab 1992 nur noch Benzinmotoren mit Direktein-

BARKAS

Projekt

zur

Verlagerung der Produktionsausrüstungen für den Kleintransporter B 1000-1 außerhalb Deutschlands sowie der Schaffung von Voraussetzungen zum Wiederanlauf einer Serienproduktion

Projektleitung
0-9262 Frankenberg
Lerchenstraße 46

Telefon 037206/66630
Fax 037206/66639

ABS Straßenfahrzeugbau
0-9541 Zwickau
Leipziger Str. 160

Telefon 0375/202229
Fax 0375/205473

spritzung herstellte. Die Produktionseinstellung der IFA-Motoren in Chemnitz machten zur Minimierung der fahrzeugseitigen Änderungen jedoch den Einsatz eines VW-Motors der Baureihe EA 111 erforderlich. Die Produktion sollte 3 Jahre unverändert erfolgen, um dann einen Nachfolger, eventuell auf Basis des B 1100, zu präsentieren.

Was bleibt

Der Barkas erfreut sich auch heute noch wachsender Beliebtheit als Hobby, Traditionsfahrzeug und Werbeträger. Ausdruck dafür sind die alljährlich stattfindenden Treffen in Frankenberg, Ziesar und Podelwitz. Weitere Informationen, Dokumentationen und Sachzeugen zur Geschichte von Framo und Barkas findet der Besucher in der Zeitwerkstadt Frankenberg, Chemnitzer Straße 64 (Nachfolger des Fahrzeugmuseums Frankenberg/Sa. in der Mühlbacher Straße 7) und in der Thüringer Kloßwelt in Heichelheim (www.thüringer-kloßwelt.de).

(Fotos Doppelseite: Ralf Weinreich)

TN 96-60

(Fotos Doppelseite: Ralf Weinreich

(Foto: Torsten Langbein)

Allgemein beliebt
HEXEN-Eis
verzaubert
gezapft in Thüringen
Leon
HEXEN-Kokos
HEXEN-Sterne
HEXEN Becher
HEXEN Splitter
HEXEN-Zauber
HEXEN-Herz
HEXEN-Kerze
hexen ZWERGE
HEXENKUSS
HEXEN-Riegel
Das ideale Dessert für Kraftfahrer
Besuchen Sie auch die Fahrzeugausstellung
Kloß-Mobile in der Thüringer Kloß-Welt in Heichelheim.
Olaf
Mike
Ines
ABLIG FEINFROST
ABLIG Feinfrost GmbH / 99439 Heichelheim Am Ettersberg - Tel. 03643/4412-0 / www.ablig.de
www.hexen-eis.de

FRANKENBERG
VR B 1003

HEXEN-Eis
HEXEN kerze
-.50
HEXEN-Riegel
HEXENkuss
hexen-eis.de

Technische Änderungen und nützliche Tipps Barkas B 1000

- Verwendung von Bleiersatz und Benzinstabilisator
- Verwendung von Addinol MZ 405, Mischungsverhältnis 1 : 40 (Durch die Verwendung von bleifreiem Kraftstoff ist ein höherer Ölanteil als 1:50 empfehlenswert. Es sollte keinesfalls vollsynthetisches Zweitaktmotorenöl verwendet werden, wenn vorher mineralisches eingesetzt wurde.)
- Nachrüstung der elektronischen Zündung für Zweitakter
- Verwendung einer 200er Kupplung
- Regelmäßige Überprüfung der Benzinpumpe (Membran auf Dichtheit überprüfen falls der 3. Zylinder verölt ist)
- Benzinleitung regelmäßig wechseln und KMVA auf Dichtheit überprüfen
- Keilriemen 9 x 1150 oder 10 x 1175
- Neue Batterie 95 Ah
- NGK Zündkerzen B6HS
- Ohne Thermostat
- Verwendung einer größeren Hauptdüse 140 anstatt 125
- Verlängerung Luftfilteransaugstutzen

Technische Änderungen und nützliche Tipps Barkas B 1000-1

- Verwendung von Bleiersatz und Benzinstabilisator
- Empfohlene Zündkerzen NGK BPR6E
- Als Austausch Kupplung +Automat Polo G40 (2 mm müssen an der Führung des Kupplungsautomaten wegefräst werden)
- Als Austausch Lichtmaschine Bosch (0 986 041 630 oder 0 120 488 265)
- Getriebe mit Zweitaktübersetzung 1 : 37
- Keilriemen 9 x 1000 oder 10 x 1025
- Regelmäßige Überprüfung der Dichtheit des Ausgleichsbehälters und Ventils (130 kPa), Ausgleichbehälter nur max. 5 cm füllen (nicht bis zur Markierung), um Überdruck zu vermeiden
- Verlängerter Kühler oder Einbau eines Elektrolüfters
- Nachrüstung einer größeren Hauptdüse 125 anstatt 110
- Verwendung von verschraubten Benzinpumpen oder parallelen Anschlüssen
- Grobeinstellung Vergaser:
  Umgemischraube (zur Leerlaufdrehzahleinst.) 1,5 Umdr. Leerlaufgemischschraube (zur CO-Einst.) 3,5 Umdr.
  Drosselklappenanschlagschraube einstellen
  Max. Leerlaufdrehzahl durch Drehen des Zündverteilers
- Bei Zündverteiler nur Originalteil verwenden (Kappe und Finger von Bosch oder Beru möglich)
  Gepolsterte Motorabdeckung zur Geräuschdämmung

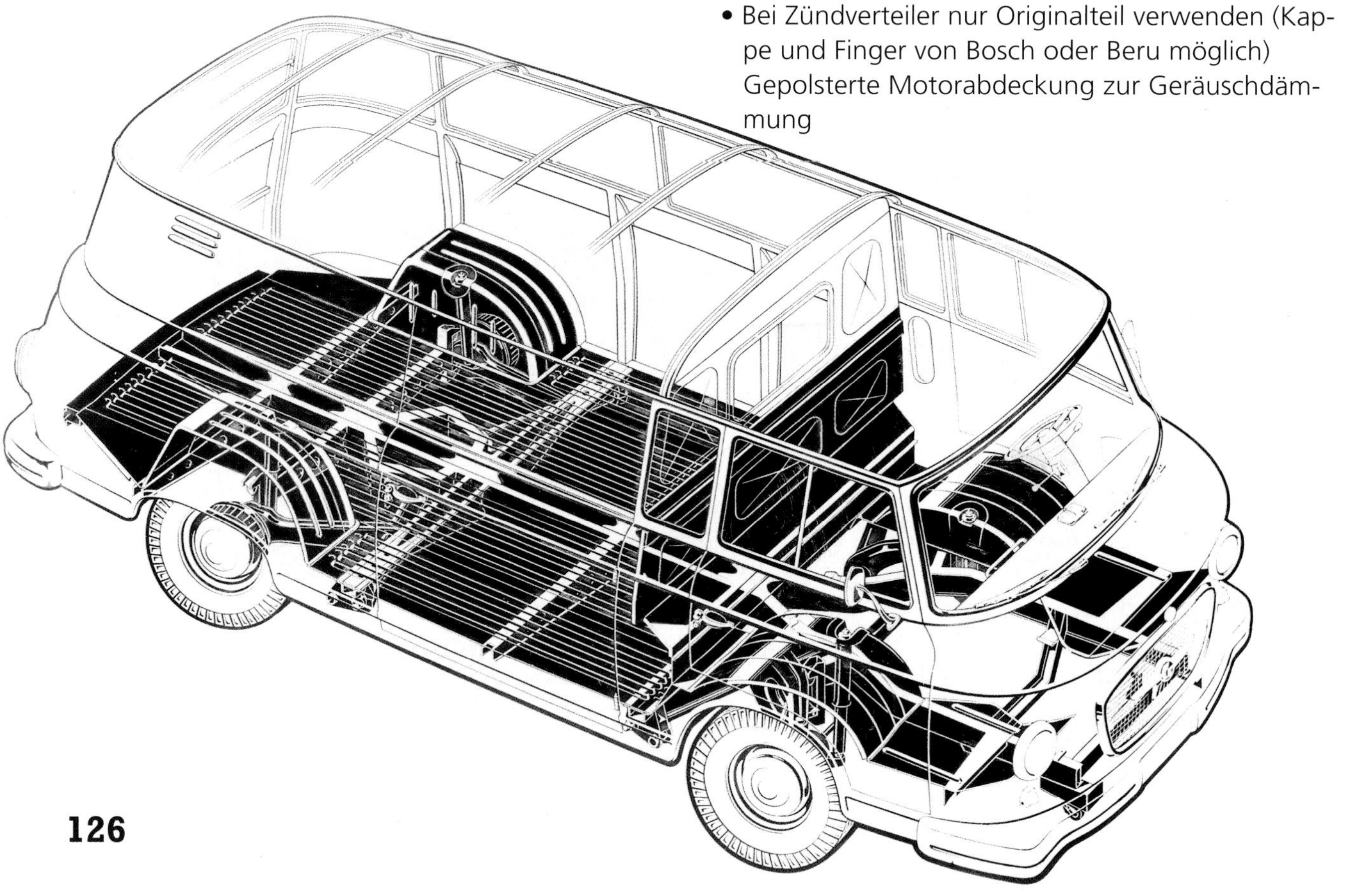

Quellenverzeichnis und Bildnachweis

Die wechselvolle Geschichte des Fahrzeugbaues der Framo- und Barkas-Werke,
Gemeinnütziger Förderverein »Fahrzeugmuseum Frankenberg/Sa. e.V.«, 2. Aufl. 2002
Technische Entwicklung des PKW Wartburg,
VEB AWE, 2. Aufl. 1986
Projekt zur Verlagerung der Produktionsausrüstungen für den Kleintransporter B 1000-1 ...
ABS Straßenfahrzeugbau, 1993
Plaste, Blech und Planwirtschaft – die Geschichte des Automobilbaus in der DDR,
Peter Kirchberg, 2. Aufl. 2001
KFT – Kraftfahrzeugtechnik,
VEB Verlag Technik Berlin, 05/1972, 02/1973
Konstanten, Standards und Modelle für das Erscheinungsbild des IFA,
Warenzeichenverband für die Kraftfahrzeugindustrie e.V. 1981
Der Vater des B 1000 – Der Barkas bestimmte sein Leben,
Dr. Heinrich Schmieder, 1. Aufl. 2003
Barkas B 1000-1 – Der Viertakter,
Torsten Langbein, Verlag Kraftakt 2017
Privatarchiv Rainer Jähne, Werbeleiter bei Barkas von 1956–1991
Jürgen Rehm, Gemeinnütziger Förderverein »Fahrzeugmuseum Frankenberg/Sa. e.V.«

WEITERE INTERESSANTE BÜCHER ZUM THEMA

In dieser aktualisierten und erweiterten Neuauflage schildert Ralf Weinreich die ganze Geschichte des DDR-Nutzfahrzeugbaus, von den schwierigen Anfängen nach dem Krieg bis zum Fall der Mauer.
304 Seiten, 350 Abb., 210 x 242 mm
ISBN 978-3-613-04200-1
€ 24,90 | € (A) 25,60

In den 1946 enteigneten Phänomen-Werken der Gründerfamilie Hiller in Zittau entstanden ab 1950 wieder Lastwagen, zunächst unter dem Namen Phänomen Granit. Bis zur Wende wurde der »Ello« mehr oder minder unverändert weitergebaut.
128 Seiten,160 Abb., 210 x 280 mm
ISBN 978-3-613-04493-7
€ 24,90 | € (A) 25,60

Dieser Band beschreibt die schweren Frontlenker und Busse des tschechischen Lastwagenherstellers Skoda von 1945 bis heute.
232 Seiten, 300 Abb., 230 x 265 mm
ISBN 978-3-613-04562-0
€ 39,90 | € (A) 41,10

Auf dem Gebiet der ehemaligen DDR fuhren nicht nur Barkas oder IFA. Immer wieder wurden Fahrzeuge aus Ostblock-Staaten importiert. Dieser Band bietet einen umfassenden Überblick über die in der DDR verbreiteten Feuerwehrfahrzeuge.
144 Seiten, 150 Abb., 210 x 280 mm
ISBN 978-3-613-04593-4
€ 24,90 | € (A) 25,60

Leseproben zu allen Titeln auf unserer Internetseite

Stand Juli 2023
Änderungen in Preis und Lieferfähigkeit vorbehalten.

Überall, wo es Bücher gibt, oder unter
WWW.MOTORBUCH-VERSAND.DE
Service-Hotline: 0711 / 78 99 21 51
www.facebook.com/MotorbuchVerlag

Motor buch Verlag